好妈妈都是厨房超人

Supermather

黄艳萍 著

ARTTIME 时代出版

时代出版传媒股份有限公司
北 京 时 代 华 文 书 局

图书在版编目（CIP）数据

好妈妈都是厨房超人 / 黄艳萍著. -- 北京 : 北京时代华文书局, 2014.7
ISBN 978-7-80769-737-4

Ⅰ. ①好… Ⅱ. ①黄… Ⅲ. ①儿童食品－食谱 Ⅳ. ①TS972.162

中国版本图书馆CIP数据核字(2014)第151254号

好妈妈都是厨房超人

著　　者 | 黄艳萍

出 版 人 | 田海明　朱智润
责任编辑 | 梁　静
特约编辑 | 成　静
装帧设计 | 王颖会
营销推广 | 周莹莹

出版发行 | 时代出版传媒股份有限公司　http://www.press-mart.com
北京时代华文书局 http://www.bjsdsj.com.cn
北京市东城区安定门外大街136号皇城国际大厦A座8楼
邮编：100011　电话：010-84829728
印　　刷 | 北京艺堂印刷有限公司　010-61539678
（如发现印装质量问题，请与印刷厂联系调换）
开　　本 | 710×1000mm　1/16
印　　张 | 13.5
字　　数 | 150千字
版　　次 | 2014年9月第1版　　2014年9月第1次印刷
书　　号 | ISBN 978-7-80769-737-4

定　　价 | 36.00元

目录

第一章

三月，让初春的温暖菜式给孩子带来活力 / 1

第二章 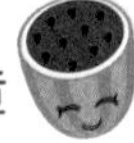

四月，大地回春的暖色点缀宝贝的食欲 / 25

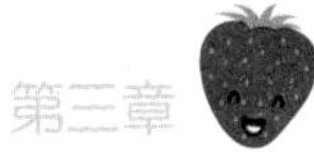

第三章

五月，孩子喜爱的缤纷滋味不仅仅在餐桌上 / 47

第四章

六月，夏天的味道满足孩子打蔫的食欲 / 65

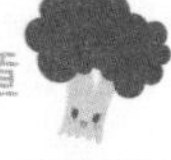

第五章

九月，开学季的蔬菜可是非常美味哦 / 87

第六章

十月，在丰收的季节里带着宝贝感受大自然的馈赠 / 109

第七章

十一月，用美食滋养孩子脆弱的心肺 / 127

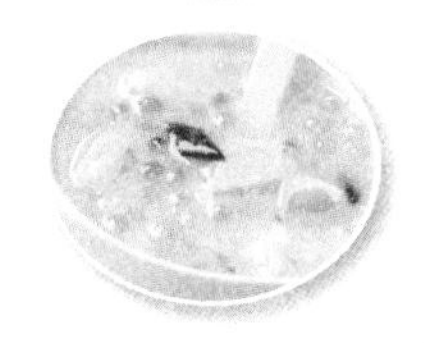

第八章

十二月，餐桌上给孩子更多的营养与创意 / 153

第九章

二月，简单健康的饮食让孩子度过冬季 / 177

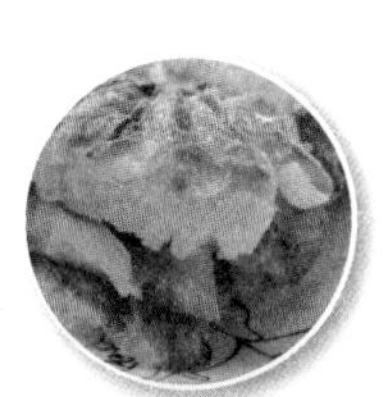

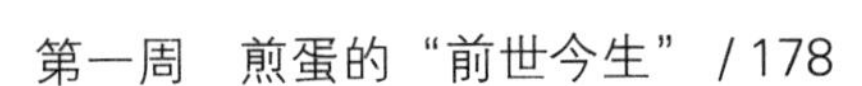

第十章

好妈妈都应该知道的健康成长小常识 / 199

第一章 三月，让初春的温暖菜式给孩子带来活力

初春的三月，寒冬渐渐远去，万物在春意中苏醒，尤其是紫椰菜。三月可以说是紫椰菜的季节，无论是用普通的方法烹煮，还是将紫椰菜做成沙拉，都能让孩子们吃出美味，吃出健康。同时，豆瓣菜、鲑鱼和扇贝都是三月的时令食物，熬一道简单的鲑鱼汤，既美味可口，又能温补强身。

第一周
蔬菜的搭配可是一门大学问

早餐

营养搭配原则　面包加红豆，能够更好地帮助孩子增强淀粉质的吸收哦。

☆豆沙包☆

【原料】　面粉，酵母，红豆，糖。

【制作】

1. 红豆煮熟去皮，拌入糖分，磨成红豆沙；
2. 面粉发酵揉成条，切成均匀大小的面团；
3. 面团擀成圆形；
4. 取红豆沙包在中间，捏成包子；
5. 大火蒸约15分钟即可。

午餐

营养搭配原则　牛肉含有丰富的铁质，为孩子的骨骼发育加分！

☆溜牛肉丸子☆

【原料】　牛肉丸，香菜，食盐，淀粉。

【制作】

1. 牛肉丸切成对半，下锅翻炒，焖10分钟左右；
2. 淀粉用水调开，加入食盐等调味料；
3. 调料入锅，翻炒肉丸至入味，放入香菜即可。

☆西湖羹☆

【原料】　牛肉，香菇，香菜，鸡蛋清，比例为2:3:3:1。

【制作】

1. 牛肉剁烂成泥，香菜切碎，香菇切粒，鸡蛋打散；
2. 锅内水烧开，下牛肉粒和香菇粒，水开后再略烧一会儿，加入调味料；
3. 用湿生粉勾芡后，倒入盛有蛋清的汤碗里，迅速搅拌均匀使蛋清成飞絮；
4. 最后加入香菜，调味即可。

晚餐

营养搭配原则　粗疏混搭新煮意，五彩水饺能够提供丰富碳水化合物及胡萝卜素、蛋白质哦。

☆五彩水饺☆

【原料】　西红柿，紫椰菜，胡萝卜，芹菜叶，菠菜，玉米，猪肉。

【制作】

1. 五种蔬菜灼熟剁碎榨汁，将菜汁和入面粉中，做成五彩饺子皮；
2. 玉米和猪肉剁碎成馅料，包入饺子皮中；
3. 包好的饺子下锅煮熟即可调味食用。

早餐

营养搭配原则　银耳莲子清心去燥，枸杞红枣温补体质。

☆冰糖银耳粥☆

【原料】　银耳，莲子，百合，枸杞，红枣，冰糖。

【制作】

1. 银耳、莲子和百合提前用清水泡发开；
2. 开水煮莲子和银耳起码半个小时；
3. 待银耳莲子均熟烂后，加入百合片，再煮20分钟；
4. 煮至银耳熟烂浓稠，加入枸杞、红枣、冰糖，再慢火炖10分钟即可。

午餐

营养搭配原则　营养主食不能少，吃用小米好处多，配合白肉加时蔬，更助消化长吸收。

☆西葫芦炒双色饭☆

【原料】　大米，小米，西葫芦，洋葱，鸡蛋，葱。

【制作】

1. 先将两种米洗净，放入电饭煲中煮好；
2. 将鸡蛋打散，洋葱切成圈状，将香葱和西葫芦切粒状；
3. 热锅下油，放入香葱，爆炒，倒入打散了的鸡蛋，炒香后倒入西葫芦粒，炒至西葫芦半熟，放入洋葱圈；
4. 一直翻炒，直到洋葱散发香味后，即可倒入双色米饭，继续翻炒，至西葫芦熟透，米饭呈现出金黄色，即可调味食用。

☆绿豆芽炒紫椰菜☆

【原料】　绿豆芽，紫椰菜，葱，生姜，芡汁。

【制作】

1. 热锅下油，放姜葱炒出香味后放入豆芽；
2. 紫椰菜切丝，加入紫椰菜炒5分钟；
3. 加芡汁，即可调味食用。

晚餐

营养搭配原则　晚餐贵精不贵多，鲜虾补钙效果好，配合鸡蛋、韭菜更能帮助营养的吸收哦。

☆三鲜水饺☆

【原料】　饺子皮，鸡蛋，韭菜，虾仁，猪肉，食盐。

【制作】

1. 虾仁切丁，猪肉剁烂，鸡蛋炒熟切粒，韭菜切粒；
2. 将上述材料放入盘子中搅拌，打入鸡蛋，放入食盐；
3. 摊开饺子皮放入肉馅，包成饺子；
4. 将包好的饺子蒸熟即可食用。

早餐

营养搭配原则　低筋面粉富含蛋白质，配合椰蓉增强宝贝的食欲并且帮助消化。

☆椰丝黄油酥☆

【原料】 低筋面粉，黄油，小苏打，牛奶，鸡蛋液，椰丝，泡打粉，盐，白砂糖。

【制作】

1. 鸡蛋打散备用；
2. 牛奶中混合砂糖，泡打粉，小苏打，盐；
3. 面粉过筛，加入黄油；
4. 鸡蛋、牛奶和面粉混合揉成面团，发松1小时；
5. 白砂糖、黄油、椰丝混合均匀支撑椰蓉馅料，
6. 面团擀成面片，放入馅料，卷起来；
7. 在面卷表面刷上蛋液，入烤箱，以180度高温烤25分钟即可。

午餐

营养搭配原则　猪肉、虾皮齐上阵，帮助孩子吸收优质蛋白和丰富的钙质。

☆豆腐虾皮汤☆

【原料】 虾皮，水豆腐，葱，生姜，料酒。

【制作】

1. 虾皮泡发1小时，水豆腐切小块；
2. 热锅下油，加如葱花、姜末及料酒爆炒；
3. 加水煮沸，倒入虾皮和豆腐粒，煮半个小时即可。

☆小笼包☆

【原料】 猪肉，面粉，绍菜叶。

【制作】

1. 猪肉剁烂，菜叶切碎剁烂，将菜叶和猪肉、调味料搅拌；
2. 面粉开水，揉成粉团；
3. 粉团碾成圆形，放入馅料，做成小笼包；
4. 包子放入笼子隔水蒸7、8分钟，即可食用。

晚餐

营养搭配原则　清热的凉瓜羹，不仅能帮助孩子祛除内火，还能帮助营养更好地吸收。

☆凉瓜羹☆

【原料】 凉瓜，瘦肉，鸡蛋，生姜，生粉。

【制作】

1. 瘦肉剁烂成肉末，凉瓜用搅拌机搅烂待用；
2. 将生姜丝放入挂中煮滚，加入肉末闷盖煮15分钟；
3. 放入凉瓜泥，搅拌，闷盖煮15分钟；
4. 放入打散的鸡蛋，不断搅拌；
5. 倒入勾好的生粉水，打芡汁，搅拌，待汤水收浓成羹即可调味食用。

早餐

营养搭配原则　奶油富含蛋白质和氨基酸，是孩子成长过程中必不可少的营养物质。

☆奶油小馒头☆

【原料】　自发面粉，鲜奶，砂糖。

【制作】

1. 将鲜奶和自发面粉均匀和好；
2. 待粉团发好之后，扭成面团小馒头状；
3. 将小面团放入笼子中，加入砂糖，蒸15分钟即可。

午餐

营养搭配原则　芥蓝的营养丰富，配合长血气的平鱼，帮助孩子健康成长。

☆红烧平鱼☆

【原料】　平鱼，香菇，笋，葱，蒜，生姜。

【制作】

1. 平鱼洗净，香菇对切，笋切丁；
2. 热锅下油，放入生姜片，将平鱼放入锅中炸，捞出平鱼；
3. 在锅中放入香菇和笋等原料，爆炒至半熟；
4. 放入平鱼，倒入清水，小火焖熟，待平鱼熟透，即可调味食用。

☆清炒芥蓝☆

【原料】　芥蓝，蒜蓉。

【制作】

1. 芥蓝洗净，用开水烫至半熟；
2. 热锅下油，放入蒜蓉爆炒；
3. 放入芥蓝翻炒至芥蓝完全熟透，即可调味食用。

晚餐

营养搭配原则　海带营养价值很全面，配合能够提升免疫力的卷心菜，经常食用非常有助于身体成长。

☆海带炒肉末☆

【原料】　海带，猪肉，葱，姜。

【制作】

1. 海带泡软后切成丝，猪肉剁碎，拌入调味料成肉末；
2. 热锅下油，放入姜葱翻炒，然后放入肉末炒至半熟；
3. 放入海带，翻炒至肉末和海带丝熟透，即可调味食用。

周五

早餐

营养搭配原则　番茄鸡蛋营养多，配合面片煮成汤能帮助孩子吸收维生素，并且能促进食欲。

☆西红柿面片汤☆

【原料】　西红柿，鸡蛋，面片，蒜。

【制作】

1. 面片对切成小片，西红柿切片；
2. 热锅下油，放入蒜片炒香，倒入西红柿炒至烂熟；
3. 倒入清水，煮沸后加入面片和调味料，闷盖煮 15 分钟；
4. 开盖加入打散了的鸡蛋，搅拌，即可调味食用。

午餐

营养搭配原则　紫椰菜是维生素营养库，配合提升记忆力的腰果，补脑又强身哟。

☆番茄炒牛肉☆

【原料】　番茄，牛肉，生姜，砂糖，食盐。

【制作】

1. 牛肉切片，番茄切片；
2. 热锅下油，放入生姜片翻炒，倒入番茄翻炒至番茄熟透；
3. 加入牛肉片，爆炒，加入砂糖、食盐，倒入清水；
4. 翻炒至水分沥干，即可上碟食用。

☆蒜蓉紫椰菜☆

【原料】　紫椰菜，蒜瓣。

【制作】

1. 紫椰菜洗净，切好，蒜瓣剁碎成蒜蓉；
2. 热锅下油，放入蒜蓉爆香；
3. 加入椰菜似翻炒至软，加入适当调味。

晚餐

营养搭配原则　核桃富含磷脂为大脑保健，红薯促进肠道蠕动助消化。

☆核桃玫瑰花糕☆

【原料】　糯米粉，黏米粉，核桃肉，大枣，白糖，玫瑰花。

【制作】

1. 大枣、核桃肉洗净，切丁；
2. 把糯米粉、黏米粉加水，放入白糖、大枣、核桃肉、玫瑰花等搅拌成面团，做成糕状；
3. 将糕放入笼蒸，蒸 25 分钟即可。

第二周
海洋里的鲜香滋味儿

早餐

营养搭配原则　面包很有营养，配合花生酱能为孩子补充脂肪营养素。

☆烤面包片☆

【原料】　鲜方包片若干，黄油，花生酱。

【制作】

1. 将方包片放入烤面包机，烤好；
2. 抹上黄油和花生酱即可。

午餐

营养搭配原则　时蔬丸子搭配肉末蛋汤，配上白灼活虾，不仅能增强维生素和高蛋白的吸收，还能给孩子补充钙质。

☆白灼活虾☆

【原料】　新鲜活虾，生姜，精盐。

【制作】

1. 将新鲜的活虾洗净；
2. 锅里放水烧开，放盐、生姜丝，倒入活虾；
3. 煮至虾完全熟透后捞起即可食用。

☆肉末胡萝卜香菇蛋汤☆

【原料】　猪肉，胡萝卜，香菇，鸡蛋，葱花。

【制作】

1. 猪肉剁碎成肉末，胡萝卜切粒，香菇切粒，鸡蛋打散；
2. 大锅中加入清水煮沸，水沸后加入肉末、胡萝卜粒和香菇粒等材料，闷盖煮一个半小时；
3. 待食材烂熟之后，加入打散了的鸡蛋，搅匀煮沸，撒上葱花，即可调味食用。

晚餐

营养搭配原则　含有丰富营养的豆腐配瘦肉，加上提升味道的鸡蛋和香菜，不仅能帮助孩子强身健体，更让宝贝喜欢吃饭。

☆瘦肉豆腐羹☆

【原料】　瘦肉，豆腐，鸡蛋，香菜，姜。

【制作】

1. 瘦肉剁成肉末，豆腐切粒捣碎，香菜切粒；
2. 鸡蛋打散备用；
3. 将姜丝放于沸水中煮滚，倒入肉末闷盖煮15分钟；
4. 加入豆腐，再煮5分钟；
5. 开盖倒入鸡蛋，不停搅拌；
6. 放入生粉勾好的芡汁，放入香菜，沸腾后即可调味食用。

早餐

营养搭配原则　芝麻补铁，花椒驱寒，做成煎饼好吃又有营养。

☆椒盐黑芝麻饼☆

【原料】　面粉，白糖，酵母，黑芝麻粉，食盐，花椒粉，食用油。

【制作】

1. 面粉倒入温水，加入白糖、酵母，拌匀发酵，揉成面团；
2. 将面团擀成长方形，撒上食盐、花椒粉、黑芝麻粉等；
3. 在抹好材料的面条上抹上食用油；
4. 此时再将面条卷成球状，擀成圆片；
5. 热锅下油，放入饼坯，香煎；
6. 盖上锅盖待饼发起来后，翻面再烙至表面上出现金黄色的表皮即可捞起食用。

午餐

营养搭配原则　棒骨补充骨胶原和骨黏蛋白，配合铁质丰富助消化的西红柿木耳鸡蛋卤，不仅好吃，而且很容易吸收哦。

☆棒骨海带汤☆

【原料】　海带，棒骨，生姜，红枣，枸杞。

【制作】

1. 海带切片，棒骨洗净，焯水捞出；
2. 将焯好的骨头放入锅中，加入生姜、红枣等材料，煮1小时；
3. 1小时后，放入海带、枸杞，再煮半个小时，即可调味食用。

☆西红柿木耳鸡蛋卤☆

【原料】　西红柿，鸡蛋，木耳，蒜片，食盐，白糖。

【制作】

1. 西红柿切块，木耳泡发对切，鸡蛋打散；
2. 热锅下油，放入蒜片炒香后，加入西红柿片；
3. 翻炒西红柿，待西红柿酥软后，加清水，放入木耳一起翻炒；
4. 待木耳和西红柿熟透之后，加入盐和白糖，倒入蛋液，炒至蛋液凝固后即可。

晚餐

营养搭配原则　红枣补血又补气，有助孩子身体成长。

☆松仁枣糕☆

【原料】　干红枣，麦芽糖浆，食盐，松仁。

【制作】

1. 红枣去核，取肉切粒；
2. 锅中加入凉水，放入麦芽糖浆和盐，大火煮滚后放入切好的红枣碎粒，一边煮一边用勺子将红枣碾碎成红枣泥；
3. 待枣泥完成，汤汁收干后，即可关火；
4. 取出红枣泥盛好，放凉待用；
5. 将一勺羹的红枣泥放入保鲜纸中，保鲜纸拧紧包好，为枣泥定型；
6. 完成后，将包好的枣泥放入冰箱中冷却定型，而后撕开保鲜纸，在定型好的枣泥上撒上几颗松仁即可。

早餐

营养搭配原则　杏仁富含维生素 B17，做成酥饼能补脑哦。

☆杏仁酥☆

【原料】　杏仁，鸡蛋，低筋面粉，泡打粉，小苏打，白糖。

【制作】

1. 将一半的低筋面粉放入烤盘，下火 180 度，烤 15 分钟后放凉备用；
2. 在烤过的面粉和剩下的面粉上，加上糖、小苏打和泡打粉均匀搅拌再过筛；
3. 将面粉搓成均匀的松散状，加入全蛋；
4. 将面团放在保鲜膜内松弛半个小时；
5. 取小块面团揉成圆球状后放入烤盘上，轻按成小饼状；
6. 刷一层全蛋液，在表面放上杏仁；
7. 放入烤箱，180 度，上下火烤 20 分钟即可。

午餐

营养搭配原则　糖醋排骨有助孩子钙质吸收，冬瓜汤更是有清热解毒的功效，配合食用营养加倍哦。

☆糖醋排骨☆

【原料】　肋排，香葱，生姜，大蒜，淀粉，白糖，醋，香葱。

【制作】

1. 排骨剁段，姜、蒜切片，香葱切末；
2. 热锅下油，待食油烧至五成热时，放入排骨，炸至表面金黄色，即可捞起沥干；
3. 将锅中的油倒出来，利用锅面残留的油分，加入姜片、蒜片炒香，倒入排骨翻炒；
4. 倒入没过排骨面那么多量的温水，大火烧开，改小火煮半个小时；
5. 待排骨入味酥软之后，加入糖、醋、香葱等，用淀粉勾芡收汁即可。

☆香干小白菜海米冬瓜汤☆

【原料】 香干，小白菜，冬瓜，海米，葱花。

【制作】

1. 冬瓜切片；海米用温水洗净，香干切段，小白菜洗净；
2. 热锅下油、倒入高汤烧煮10分钟；
3. 放入冬瓜、海米、香干和小白菜，煮15分钟；
4. 待食材煮熟，撒上葱花即成调味食用。

晚餐

营养搭配原则　猪肉加蛋嫩滑助吸收，是一道孩子们都喜爱的菜哦。

☆太阳肉☆

【原料】 猪肉，鸡蛋，葱姜末，植物油。

【制作】

1. 猪肉剁碎，加入葱姜末及调味料，搅拌均匀成馅料；
2. 按人数准备小盘子，在盘内抹一层植物油；
3. 把肉馅均匀地摊在盘内，打一只鸡蛋在表面；
4. 上笼用大火蒸20分钟即可。

早餐

营养搭配原则　芝麻酱有丰富的亚油酸，能有效调节胆固醇，做成千层饼更能增强孩子食欲。

☆麻酱千层饼☆

【原料】　面粉，酵母，芝麻酱。

【制作】

1. 面粉用清水加酵母搅拌成面团，发酵半个小时；
2. 将芝麻酱用油调稀，搅拌均匀；
3. 将面团擀开，抹上芝麻酱糊，卷起，再擀开，如此反复叠几次，分出层次即可；
4. 放入锅中烙熟即可。

午餐

营养搭配原则　五香黄豆配菜花，高蛋白加抗坏血酸，帮孩子预防疾病又强身；干鱿蒸肉饼，美味可口，提升孩子的食欲。

☆五香鸡蛋☆

【原料】　五香料，生姜，鸡蛋，黄豆。

【制作】

1. 黄豆提前一晚泡开；
2. 鸡蛋煮熟，去壳，用牙签在鸡蛋两头各刺一个小孔；
3. 将五香料、生姜、黄豆和鸡蛋放入锅中，放入清水，大火煮沸10分钟；
4. 关火静放五小时后可食用。

☆干鱿蒸肉饼☆

【原料】　五花肉，干鱿鱼，食盐，砂糖。

【制作】

1. 干鱿鱼先用水泡软，切成粒；
2. 五花肉要剁成肉饼，待肉饼成型后，加入干鱿鱼粒；
3. 将肉饼和干鱿粒充分剁烂混合，即可放入食盐和砂糖调味；
4. 将肉饼放于盘子中，隔水蒸熟即可食用。

晚餐

营养搭配原则　蔬菜混搭，紫菜补碘提升记忆力，番茄配搭卷心菜能够增强食欲并且防止宝贝积食哦。

☆番茄炒卷心菜☆

【原料】番茄，卷心菜，蒜头，香醋，调味料。

【制作】

1. 番茄切丁，卷心菜切丝；
2. 热锅下油，翻炒蒜蓉至散发香味，加入番茄丁煸炒至糊状；
3. 此时加入卷心菜丝翻炒几分钟，待卷心菜软熟，即可加入调味料，淋上香醋，翻炒起锅。

周五

早餐

营养搭配原则　南瓜低糖低脂肪，富含膳食纤维，能提升孩子的消化能力。

☆南瓜饼☆

【原料】　南瓜，面粉，砂糖。

【制作】

1. 南瓜切块隔水蒸熟后捣烂成泥，拌入砂糖；
2. 面粉用清水加酵母搅拌成面团，发酵半个小时；
3. 将南瓜泥用油调稀，拌入面粉中，搅拌均匀；
4. 将面团擀开，制成饼状；
5. 将饼团放入笼子中，隔水蒸熟，即可食用。

午餐

营养搭配原则　牛肉、鲜鱼加杂蔬，补铁补钙又助消化。

☆土豆烧牛肉☆

【原料】　土豆，牛肉，姜葱，酱油，食盐，砂糖。

【制作】

1. 土豆切块，牛肉切块；
2. 热锅下油，将土豆放入锅中，用油滚一下，捞起沥干油分待用；
3. 放入姜葱重新起锅，倒入牛肉爆炒；
4. 倒入土豆，加入酱油、食盐和砂糖调味，加入清水，闷盖煮10分钟。

☆番茄菜花鲜鱼汤☆

【原料】　鲫鱼，番茄，菜花，生姜，葱。

【制作】

1. 鲫鱼洗净待用，番茄切块，菜花切粒；
2. 热锅下油，将鲫鱼放于锅中香煎至半熟，捞起沥干待用；
3. 重新起锅，放入姜葱翻炒，至香味发散后放入清水，闷盖煮沸；
4. 煮沸后加入香煎了的鲫鱼和番茄、菜花，闷盖煮20分钟，即可调味食用。

晚餐

营养搭配原则　紫菜、腰果能健脑，白萝卜清热又去燥。

☆紫菜萝卜汤☆

【原料】　紫菜，白萝卜，生姜。

【制作】

1. 紫菜用水泡开，白萝卜切块，生姜切片；
2. 热锅下油，放入生姜片起锅，至生姜发散香味，即可倒入清水；
3. 清水煮沸后，放入白萝卜片，闷盖煮半个小时；
4. 放入紫菜，闷盖煮15分钟，待白萝卜和紫菜烂熟，即可调味食用。

第三周
增强宝贝免疫力的餐桌搭配法

早餐

营养搭配原则　土豆中的蛋白质最接近动物蛋白，早餐吃土豆能为孩子提供活动所需的能量。

☆薯茸饼☆

【原料】　土豆，胡椒粉，面包粉。

【制作】

1. 土豆捣成土豆泥，加盐和胡椒粉拌匀；
2. 将土豆泥捏成饼状，蘸面包粉，用油炸金黄。

午餐

营养搭配原则　肉末含丰富动物蛋白、钙，搭配菜心的维生素，美味之余营养更加丰富。

☆京酱肉末☆

【原料】　里脊肉，鸡蛋，淀粉，番茄酱，甜面酱，白糖，葱。

【制作】

1. 里脊肉切丝，将蛋清、淀粉及调味料加入肉丝中拌匀；
2. 锅内加油，翻炒肉丝，放入番茄酱、甜面酱、白糖等翻炒；
3. 炒至酱香扑鼻，撒上葱丝即可调味食用。

金针菇素炒菜心

【原料】　金针菇，油菜心，淀粉，麻油。

【制作】

1. 金针菇去根部，油菜心洗净切段，二者一起用沸水焯熟；
2. 热锅下油，放入金针菇，菜心翻炒几下，加入调味料，用淀粉勾芡，淋入麻油即可。

晚餐

营养搭配原则　动物肝脏含丰富维生素 A 和维生素 B2，搭配西红柿，保护孩子的视力。

☆酱鸡肝☆

【原料】　鸡肝，生姜，葱，白酒。

【制作】

1. 鸡肝要用水浸泡 2、3 小时；
2. 将泡过的鸡肝放入锅中，加入白酒，用大火煮沸；
3. 加入姜葱和调味料，慢火炖 1 小时；
4. 鸡肝煮熟后，可以调味，然后放置冷却，随吃随用。

周二

早餐

营养搭配原则　猪肉松香味浓郁，味道鲜美，而且非常容易消化哦。

☆肉松饼☆

【原料】　面粉，鸡蛋，肉松，葱花，花生酱，盐。

【制作】

1. 面粉与鸡蛋搅拌成糊状，放入食盐和葱花调味；
2. 热锅下油，煎香面糊的两面；
3. 把肉松铺在面上，卷好后涂花生酱，粘住面饼缝合处；
4. 将卷好的饼放回锅里，煎一二分钟，即可切段食用。

午餐

营养搭配原则　莲子粥能健脾补肾，搭配糖醋黄瓜能健脑安神，有助儿童提高注意力。

☆莲子粥☆

【原料】　大米，莲子，木耳。

【制作】

1. 莲子泡软蒸熟后，捣成莲蓉；
2. 木耳泡软切成丝；
3. 取大米，煮成稀粥；
4. 热粥中放入莲子和木耳即可调味食用。

☆糖醋黄瓜条☆

【原料】　黄瓜，糖，醋，生抽，香油。

【制作】

1. 黄瓜切条，热锅下油，翻炒黄瓜条；
2. 取白糖、醋、生抽和香油调匀成糖醋汁；
3. 将调好的糖醋汁放入锅中，和黄瓜翻炒即可食用。

晚餐

营养搭配原则　枣能提高孩子的免疫力，并且富含钙和铁，有助宝贝身体健康。

☆枣泥饼☆

【原料】　面粉，大红枣，白糖。

【制作】

1. 红枣去核加水蒸烂捣烂成枣泥；
2. 加入白糖，将枣泥煎香，成枣泥馅；
3. 将面粉揉成面团，发酵；
4. 将面团搓成小剂子，包入馅心后，隔水蒸10分钟即可。

早餐

营养搭配原则　面包加红豆，能够帮助孩子增强对淀粉质吸收的能力。

☆豆沙包☆

【原料】　面粉，酵母，红豆，糖。

【制作】

1. 红豆煮熟去皮，拌入糖分，磨成红豆沙；
2. 面粉发酵揉成条，切成均匀大小的面团；
3. 面团擀成圆形；
4. 取红豆沙包在中间，捏成包子，大火蒸约15分钟即可。

午餐

营养搭配价值　胡萝卜＋鱼，富含人体所需的大部分营养，能增强儿童的免疫力。

☆肉末炒胡萝卜☆

【原料】　猪肉，胡萝卜。

【制作】

1. 胡萝卜切段，猪肉剁成肉末；
2. 热锅下油，翻炒肉末至变色，加入调味料翻炒后加胡萝卜；
3. 加入少量水，闷盖煮10分钟，胡萝卜煮至酥软即可。

☆鲜鱼汤☆

【原料】　河鱼，姜，葱，胡椒粉，香油，蒜苗。

【制作】

1. 将蒜苗切段，葱姜切片；
2. 鲜鱼切段，将鱼段入沸水焯透；
3. 加清水、葱姜片，下入鱼段；
4. 待鱼熟透后，加入胡椒粉，淋入香油，即可调味食用。

晚餐

营养搭配原则　冬瓜和豆腐能清热滋润，配合可口营养的小丸子，促进孩子的食欲，并非常容易消化。

☆冬瓜汆丸子☆

【原料】　冬瓜，猪肉，葱，生姜。

【制作】

1. 冬瓜切片，猪肉剁碎，加调味料腌半个小时；
2. 热锅下油，放入葱姜等炒香，加水煮沸，放入肉末捏成的小丸子，煮15分钟；
3. 加入切好的冬瓜片，煮至冬瓜烂熟，即可调味食用。

早餐

营养搭配原则　早餐食用皮蛋瘦肉粥，能增进孩子的食欲，促进营养帮助吸收。

☆皮蛋瘦肉粥☆

【原料】　大米，皮蛋，猪瘦肉，生姜。

【制作】

1. 皮蛋切瓣，大米煮成稀粥；
2. 猪瘦肉洗净后用调味料腌3小时；
3. 往粥中放入皮蛋和瘦肉片、生姜丝煮30分钟，即可调味食用。

午餐

营养搭配原则　花生米芹菜搭配番茄炒茄丁，为宝贝提供每日所需的维生素和矿物质。

☆花生米拌芹菜☆

【原料】　芹菜，花生米，生姜，葱，盐，醋。

【制作】

1. 花生米用温水泡2小时，芹菜段放在开水中焯熟；
2. 将芹菜和花生米拌匀，加盐和醋，再放上葱、姜拌匀；
3. 热锅下油，放入姜葱蒜片，炸出香味后，将香油浇在芹菜上拌匀即可。

☆西红柿炒茄丁☆

【原料】　西红柿，茄子，葱，蒜。

【制作】

1. 西红柿切块，茄子切细条，葱蒜切片；
2. 热锅下油，放入葱蒜爆香，放入茄子翻炒，至番茄烂熟出汁，即可调味食用。

晚餐

营养搭配原则　以猪肉、猪内脏为主食的晚餐提供优质蛋白质和必需的脂肪酸，预防少儿贫血。

☆中式热狗☆

【原料】　中筋面粉，酵母，香肠。

【制作】

1. 将面粉搓开，发酵成面团；
2. 把面团擀成椭圆形，卷成长条，把香肠卷起来；
3. 放在蒸锅里发酵30分钟左右；
4. 隔水蒸15分钟，关火5分钟后即可食用。

早餐

营养搭配原则　鸡蛋饼口感润滑，细嫩，营养丰富，是早餐的最佳食品。

☆鸡蛋饼☆

【原料】　鸡蛋，面粉，黄油。

【制作】

1. 鸡蛋打散搅拌均匀，放入面粉和其他调味料，均匀搅拌成糊状；
2. 锅中加黄油化开，倒入鸡蛋糊，慢慢推开；
3. 用小火煎至金黄后翻面同样煎成金黄即可。

午餐

营养搭配原则　紫米富含铁、锌、锰、铜等微量元素，十分适合孩子食用。

☆翡翠白玉汤☆

【原料】　菠菜，豆腐，鸡蛋，高汤。

【制作】

1. 豆腐切片，鸡蛋去黄取蛋白部分，将蛋白涂在豆腐上，过油烙一下，使蛋清凝固在豆腐条上；
2. 锅内放入高汤，煮熟菠菜叶后，放入豆腐条，再煮 3 分钟即可调味食用 .

☆紫米粥☆

【原料】　紫米，砂糖。

【制作】

1. 紫米洗净加入清水；
2. 煮 1 小时直到米粒软烂，放入砂糖即可。

晚餐

营养搭配原则　西红柿富含维生素，搭配富含蛋白质的鱼肉，为健康加分。

☆西红柿珍珠汤☆

【原料】　西红柿，鸡蛋，香菇，鱼肉，青豆，面粉，生姜。

【制作】

1. 将鱼肉去皮剁碎，和鸡蛋液、面粉搅拌成糊；
2. 加入清水，将面糊倒入笊篱中用勺子按压入水中，即成“珍珠”；
3. 热锅下油，爆香姜末，放入西红柿和煮好的“珍珠”、香菇、青豆，翻炒至熟，即可调味食用。

第四周 坚果也能做出新花样

早餐

营养搭配原则　果料丝糕中的葡萄干含有丰富的铁、磷、钙及维生素等，对孩子的身体成长很有帮助。

☆果料丝糕☆

【原料】　面粉，面肥，葡萄干，桂花，碱，白糖。

【制作】

1. 面粉放入面肥，和成面团发酵；
2. 碱用温开水稀释，放入已发酵的面团内，调成稠粥状，再加入白糖、桂花、葡萄干调均匀；
3. 将调匀果料的软糊倒入模子内，蒸 30 分钟，待凉后切成小正方形即成。

午餐

营养搭配原则　美味的牛肉丸子搭配营养丰富的萝卜汤，有助于增强宝贝身体的免疫功能。

☆牛肉馏丸子烧茄子☆

【原料】　茄子，牛肉，鸡蛋，西红柿，生姜，葱，蒜。

【制作】

1. 牛肉剁烂成蓉，姜葱切粒；
2. 牛肉馅用蛋黄打匀，加入调味料；
3. 茄子去皮，切块，用小勺挖肉馅团成球状；
4. 热油下锅炸，炸熟牛肉丸子；
5. 另起锅，爆炒姜葱和西红柿；
6. 放入茄子和调味料，倒入炸好的牛肉丸子，即可调味食用。

☆萝卜丝汤☆

【原料】　白萝卜，虾米，香菜，生姜。

【制作】

1. 白萝卜切丝，用水焯熟，虾米泡软，香菜切碎；
2. 热锅下油，放清水，再加萝卜丝、虾米、姜末煮 30 分钟后，撒入香菜末，即可调味食用。

晚餐

营养搭配原则　含有豆沙馅和番茄酱的鸳鸯卷，能给孩子提供足够的营养和热量。

☆鸳鸯卷☆

【原料】　面粉，面肥，豆沙馅，番茄酱，白糖，青红丝。

【制作】

1. 面肥用水泡开，加面粉和成面团，静置发酵；
2. 番茄酱倒入锅慢火炒成稠状，加白糖，加熟面粉搅拌成馅；
3. 面团擀成长方形薄片，分别抹上豆沙馅和番茄酱馅，卷起，压上花纹，撒上青红丝即成坯；
4. 把坯隔水蒸约 15 分钟即可。

周二

早餐

营养搭配原则　芝麻不仅营养丰富，而且药用功效显著，是营养早餐的优选。

☆芝麻酥饼☆

【原料】　芝麻，鸡蛋，低筋面粉，泡打粉，小苏打，白糖。

【制作】

1. 将一半的低筋面粉放入烤盘，180 度烤 15 分钟后放凉备用；
2. 在烤过的面粉和剩下的面粉上，加上糖、小苏打粉和泡打粉均匀搅拌再过筛；
3. 将面粉搓成均匀的松散状，加入全蛋；
4. 将面团放在保鲜膜内松弛半个小时；
5. 取小块面团揉成圆球状后放入烤盘上，轻按成小饼状；
6. 刷一层全蛋液，在表面放上芝麻；
7. 放入烤箱，180 度，上下火烤 20 分钟即可。

午餐

营养搭配原则　营养丰富的西红柿蛋花汤搭配炒面，不仅开胃而且有益健康哦。

☆卷心菜肉丝炒面☆

【原料】　粗面，卷心菜，猪肉，葱。

【制作】

1. 猪肉切丝，卷心菜切丝、葱切末；
2. 粗面放入沸水中煮一下；
3. 放入肉丝翻炒，将卷心菜放入锅中煸炒，加水和调味料闷盖5分钟；
4. 将粗面放入卷心菜中，焖一下，粗面入味后加入肉丝翻炒，收干，撒入葱花即可。

☆西红柿蛋花汤☆

【原料】　西红柿、鸡蛋。

【制作】

1. 西红柿切块，鸡蛋打散；
2. 热锅下油，翻炒西红柿5分钟，然后加入清水，煮15分钟，最后加入鸡蛋液和调味料，即可食用。

晚餐

营养搭配原则　鸡肉营养丰富，做成色香味俱全的“鸡米”，孩子们都爱吃。

☆色香鸡米☆

【原料】　鸡胸肉，胡椒粉，鸡蛋，面包糠，生粉。

【制作】

1. 鸡胸肉切丁，用调味料腌制；
2. 腌制好的鸡丁用水洗净，拍一层生粉后蘸上蛋黄，再蘸一层面包糠；
3. 烧油锅，放入鸡丁炸至表面酥脆金黄即可。

早餐

营养搭配原则　桂花有平衡神经系统的功效，做成饼不仅味道很香而且很美味。

☆桂花细饼☆

【原料】　小麦面粉，糖，桂花，麻油，核桃仁。

【制作】

1. 将小麦面粉加水搅拌，发酵成面团；
2. 用糖、桂花、麻油、核桃仁拌匀成馅料；
3. 将面团擀成长方形薄片，卷成卷，搓成长条，将面剂按扁，包入馅料；
4. 放入烘炉中，用 200—220 度，烤 8 分钟，即可食用。

午餐

营养搭配原则　黄花鱼蛋白质含量高，配上补血养身三黄鸡汤，帮助孩子成长发育。

☆红烧黄花鱼☆

【原料】　黄花鱼，猪肥瘦肉，青菜，生葱，姜。

【制作】

1. 将活黄花鱼去鳞洗净，猪肥瘦肉切丝、青菜切段；
2. 热锅下油，爆炒葱姜，倒入肉丝加入调味料和清水煮 10 分钟；
3. 将鱼入锅，炖 20 分钟，即可食用。

☆三黄鸡汤☆

【原料】　三黄鸡，葱段，姜片。

【制作】

1. 鸡洗净剁成大块，葱姜切片；
2. 热锅下油，爆炒生姜片，加入鸡块翻炒至半熟；
3. 加入清水和调味料，炖 1 小时，即可食用。

晚餐

营养搭配原则　丝瓜能清热去噪，配合营养丰富的鸡蛋，有助提升孩子的免疫力。

☆鸡蛋烧丝瓜☆

【原料】　丝瓜，鸡蛋，干枸杞。

【制作】

1. 鸡蛋打散，干枸杞泡水，丝瓜洗净切块；
2. 鸡蛋液中加一小勺水，搅匀，锅热下油后，先倒入鸡蛋液将鸡蛋炒至 8 成熟；
3. 下丝瓜和枸杞炒 1 分钟，即可调味食用。

早餐

营养搭配原则　核桃中脂肪和蛋白是补充大脑最好的营养物质。

☆核桃仁糕☆

【原料】　中筋面粉，泡打粉，植物性奶油，黑糖，牛奶，葡萄干，核桃，小苏打粉。

【制作】

1. 葡萄干泡软；
2. 植物性奶油，加入黑糖，用打蛋器拌匀；
3. 将牛奶分次加入上面的糊中，用打蛋器拌匀；
4. 取中筋面粉、泡打粉、小苏打粉加入上述糊中；
5. 再将葡萄干放入糊中，倒入烤模中，入烤箱以上下火200度烘烤约35分钟即可。

午餐

营养搭配原则　猪肉＋鸭肝，营养之余更能保护孩子的视力，增强免疫力。

☆狮子头☆

【原料】　猪肉馅，油菜，胡萝卜，葱，生姜，淀粉，胡椒粉，酱油。

【制作】

1. 葱姜切末，油菜、胡萝卜切丝；
2. 猪肉馅和葱、姜末、淀粉、胡椒粉、酱油充分拌匀，做成大小相同的肉丸；
3. 将肉丸炸至金黄色，然后另起油锅，炒油菜及胡萝卜丝，再将炸好的肉丸倒入，并加入调味料，待10分钟关火即可。

☆卤鸭肝☆

【原料】　鸭肝，卤水酱料，生姜，葱。

【制作】

1. 鸭肝去筋洗净；
2. 在碗中放入卤水酱料，腌鸭肝4、5个小时；
3. 锅里放水，放入生姜葱，然后放入腌好的鸭肝，大火烧开后煮5分钟即可。

晚餐

营养搭配原则　酸甜番茄美味开胃，冬瓜豆腐营养丰富，是不可多得的一道营养餐哦。

☆番茄豆腐冬瓜汆丸子☆

【原料】　番茄，鲜豆腐，冬瓜，猪肉，生姜，淀粉，食盐，香葱。

【制作】

1. 番茄切块，豆腐切丁，冬瓜切片，猪肉剁碎，加入淀粉、食盐等调味料腌半个小时；
2. 热锅下油，放入香葱，生姜等炒香；
3. 加水煮沸，放入猪肉末捏成的小丸子，下锅煮熟；
4. 中火煮15分钟后，加入切好的番茄、冬瓜片和豆腐；
5. 煮至冬瓜、番茄等烂熟，即可调味食用。

周五

早餐

营养搭配原则　酸甜果酱搭配中式面包，新鲜美味挡不住。

☆果酱包☆

【原料】　面粉，酵母，果酱。

【制作】

1. 按照做包子的程序发好面粉，分出剂量；
2. 以果酱为馅，包好包子后上锅蒸熟 15 分钟即可。

午餐

营养搭配原则　虾营养丰富，肉质松软，配合促进肠胃蠕动的玉米羹，还能帮助消化。

☆油焖大虾☆

【原料】　基围虾，蛋清，蒜泥，葱花，面粉。

【制作】

1. 基围虾去头剥壳，抽出虾线；
2. 将洗净的虾仁里打上两个蛋清，撒上面粉，加入调味料，搅拌均匀；
3. 油爆虾仁 5 分钟后撒上蒜泥、葱花即可。

☆玉米羹☆

【原料】　玉米粒，猪肉，鸡蛋，韭王，生粉。

【制作】

1. 玉米粒搅拌成蓉，放入锅中，加水煮沸；
2. 猪肉切粒，放入锅中用大火滚开后转中火；
3. 20 分钟后加入兑好的生粉水，搅拌，再煮沸；
4. 煮沸后，往锅中倒入打散的鸡蛋花，加入韭王，即可调味食用。

晚餐

营养搭配原则　银鱼富钙质、高蛋白、低脂肪，非常适合孩子食用哦。

☆银鱼鸡蛋☆

【原料】　银鱼，鸡蛋，生姜，葱，料酒。

【制作】

1. 锅中放油，爆香葱姜，倒入银鱼干；
2. 鸡蛋加入料酒搅拌后，倒入锅中，翻炒至熟即可。

第二章

四月，大地回春的暖色点缀宝贝的食欲

四月，春的气息已经很浓了，这是吃鸡蛋的好时节。虽然现今养殖技术发达，一年四季都有鸡蛋产出，但是四月的鸡蛋不一样，它符合母鸡产蛋的时令原理，无论从口感、香味和营养上讲，都是绝佳的，配合奶油、花椰菜、萝卜、莴笋等做成儿童餐，不仅让餐桌充满春之色彩，也能刺激小朋友的食欲。

第一周 面类主打歌

早餐

营养搭配原则　叉烧有猪肉的营养，搭配富含蛋白质的面粉，让宝贝精力充沛一整天。

☆叉烧包☆

【原料】 叉烧肉，盐，葱，姜，酱油，面粉，盐。

【制作】

1. 叉烧肉切小块，加入葱姜、酱油、盐拌成馅；
2. 面粉揉搓，分成均匀的粉团，放在掌心擀成包皮，放入馅料，将开口处折叠捏合；
3. 将包子放入蒸笼内，隔水蒸 15 分钟即可。

午餐

营养搭配原则　排骨含有优质动物蛋白，搭配钙质矿物质丰富的海带，让孩子一整天活力无限。

☆酸甜排骨☆

【原料】 排骨，胡萝卜，番茄酱，食用醋，白砂糖，鸡蛋，玉米粉，酱油，盐。

【制作】

1. 排骨剁好，先用酱油、糖和盐，腌制 2 小时，备用；
2. 打一只鸡蛋，放入腌好的排骨，扑上玉米粉，放入滚油中炸熟；
3. 把胡萝卜炒到八成熟；
4. 制作酸甜汁，将番茄酱、砂糖和醋以 5:2:1 的比例搅拌好；
5. 把酸甜汁放进锅里，煮成黏稠，倒入炸好的排骨和胡萝卜翻炒，即可食用。

☆虾皮卷心菜☆

【原料】 虾皮，卷心菜，生姜，蒜。

【制作】

1. 卷心菜洗净，撕成小片；
2. 虾皮用水泡开，姜蒜切片；
3. 热锅下油，放入姜蒜翻炒，倒入虾皮和卷心菜片，翻炒至软，加入少量清水，闷盖煮 5 分钟，即可调味食用。

晚餐

营养搭配原则　晚餐吃鸡肝、小米易于营养吸收，帮助孩子消化哦。

☆香菜鸡肝小米粥☆

【原料】　香菜，鸡肝，小米，生姜，葱，黄酒，粳米，食盐，味精，棒骨。

【制作】

1. 在锅中加入葱姜、黄酒和水，可加入一点棒骨；
2. 水开后，撇去浮沫，改用中火烧 20 分钟；
3. 取出葱姜和棒骨，倒入粳米，烧开后再加入小米，煮成粥；
4. 再放进鸡肝粒，滚熟后放香菜、盐和味精即可。

早餐

营养搭配原则　玉米的谷氨酸能促进宝贝大脑发育，是最好的益智食物。

☆玉米卷☆

【原料】　玉米粉，香肠、小麦面粉，黑胡椒酱，葱。

【制作】

1. 将面粉和玉米粉按比例搅拌好，让混合面粉在常温下发 2 小时左右；
2. 把发好的面揉搓成长条，抹上黑胡椒酱，撒上葱花，在中间放一段香肠；
3. 将玉米卷放于蒸笼上，隔水蒸 15 分钟即可。

营养搭配原则　蔬菜富含纤维素和维生素，搭配营养丰富的小银鱼一起食用，减少脂肪助成长。

☆红烧鸡块☆

【原料】　鸡，青椒，花椒，蒜，葱，酱油，烧酒。

【制作】

1. 鸡切块，焯水备用；
2. 热锅下油，放花椒、蒜片、葱段炒香，然后放入鸡块翻炒；
3. 加入清水，倒入酱油和烧酒，闷盖煮半个小时；
4. 待鸡块入味后，收汁，加入青椒即可食用。

☆菠菜小银鱼面☆

【原料】　菠菜，小银鱼，面条，鸡蛋。

【制作】

1. 菠菜切成段，小银鱼洗干净；
2. 将面条、菠菜及小银鱼一同以中火煮沸；
3. 鸡蛋打散，加入锅中，闷盖再煮 2 分钟即可。

晚餐

营养搭配原则　莲藕薏米排骨汤不仅营养丰富，而且清热健脾，非常有益健康。

☆莲藕薏米排骨汤☆

【原料】　排骨，莲藕，薏米。

【制作】

1. 莲藕洗净切厚片薏米洗净待用，排骨先氽水去味；
2. 待水煮开后，将材料全部放入，慢火煮 1.5 小时，即可调味食用。

早餐

营养搭配原则　芝麻与花生含有丰富的热量，多吃对孩子身体好哦。

☆酥饼☆

【原料】　芝麻酱，花生酱，鸡蛋，低筋面粉，泡打粉，小苏打，白糖。

【制作】

1. 将一半的低筋面粉放入烤盘，下火180度，烤15分钟后放凉备用；
2. 在烤过的面粉和剩下的面粉上，加上白糖、小苏打粉和泡打粉均匀搅拌再过筛；
3. 将面粉搓成均匀的松散状，加入全蛋；
4. 将面团放在保鲜膜内松弛半个小时；
5. 芝麻酱和花生酱加入生油，混合成酱；
6. 取小块面团揉成圆球状后放入烤盘上，轻按成小饼状；
7. 刷一层全蛋液，在表面抹上芝麻酱和花生酱的“混酱”；
8. 放入烤箱，180度，上下火烤20分钟即可。

午餐

营养搭配原则　莲藕富含维生素C和粗纤维，配合营养丰富的宫保鸡丁，有益于孩子的身体健康。

☆宫保鸡丁☆

【原料】　鸡腿肉，花生，干辣椒，蒜，葱，豆瓣酱。

【制作】

1. 用清水发泡花生，去衣后，热锅下油翻炒至焦香，装起来待用；
2. 鸡腿肉切成丁后，加入豆瓣酱等调味料腌制1小时；
3. 锅热下油，加入干辣椒和蒜，倒入鸡丁爆炒；
4. 鸡丁爆炒至入味，即可加入花生米和葱段，调味即可食用。

☆爆炒藕片☆

【原料】　莲藕，灯笼椒，生姜。

【制作】

1. 莲藕切片，灯笼椒切块，姜切片；
2. 热锅下油，放入姜片爆炒；
3. 倒入灯笼椒爆炒，放入藕片爆炒几分钟即可调味食用，调味上碟。

晚餐

营养搭配原则　西红柿汤能够很好地促进消化，利于营养的吸收。

☆西红柿汤☆

【原料】　西红柿，青菜，蒜。

【制作】

1. 西红柿切片，青菜切粒，热锅下油，放入蒜片炒香，倒入西红柿炒至半熟；
2. 倒入清水，加入青菜粒，闷盖煮15分钟，即可调味食用。

早餐

营养搭配原则　灌汤饺富含不饱和脂肪酸，特别适合当做宝贝的早餐。

☆灌汤饺☆

【原料】　饺子皮，猪肉，蟹肉，高汤。

【制作】

1. 猪肉剁茸，蟹肉剁碎，将二者放入锅中翻炒至熟，加入高汤；
2. 将馅料包入饺子皮中，隔水蒸 15 分钟即可。

午餐

营养搭配原则　黄豆芽富含钾，西红柿鸡蛋汤富含蛋白质，搭配着吃有助促进孩子的消化。

☆豆芽粉丝☆

【原料】　豆芽，粉丝，猪肉，生姜，葱。

【制作】

1. 猪肉切丝，豆芽洗净，粉丝泡水备用；
2. 热锅下油，放入姜葱和猪肉爆炒；
3. 加入豆芽炒至酥软；
4. 放入能没过豆芽的水，加入调味料，把粉丝放在上面，中火煮 10 分钟即可。

☆西红柿鸡蛋汤☆

【原料】　西红柿，鸡蛋，蒜。

【制作】

1. 西红柿切片，热锅下油，放入蒜片炒香，倒入西红柿炒至半熟；
2. 倒入清水，闷盖煮 15 分钟；
3. 开盖倒入打散了的鸡蛋，搅拌，即可调味食用。

晚餐

营养搭配原则　胡萝卜富含 β 胡萝卜素和铁，促进宝贝的生长发育，还能增强免疫力。

☆胡萝卜羹☆

【原料】　胡萝卜，黄油，肉汤。

【制作】

1. 将胡萝卜炖烂并捣碎；
2. 将捣碎的胡萝卜和准备好的肉汤倒入锅中煮；
3. 待胡萝卜烂熟之后，放入黄油，闷盖煮 5 分钟即可调味食用。

早餐

营养搭配原则　芝麻补铁，做成煎饼好吃又有营养。

☆芝麻饼☆

【原料】　面粉，酵母，黑芝麻粉，白糖，食盐。

【制作】

1. 面粉倒入温水，拌入白糖、酵母发酵，揉成面团；
2. 将面团擀成长方形，撒上食盐、黑芝麻粉等；
3. 在抹好材料的面条上抹上食油；
4. 此时再将面条卷成球状，擀成圆片；
5. 热锅下油，放入饼坯，香煎；
6. 盖上锅盖待饼发起来后，翻面再烙至表面上出现金黄色的表皮即可捞起食用。

午餐

营养搭配原则　萝卜、豆芽和排骨的搭配，不仅营养丰富，而且十分美味。

☆萝卜排骨☆

【原料】　猪排骨，萝卜，生姜，葱，淀粉。

【制作】

1. 萝卜切块，葱切段，姜切片；
2. 热锅下油，将葱、姜和排骨翻炒至半熟后，加入调味料和清水，放入萝卜；
3. 放入萝卜后，焖盖煮 25 分钟，加入勾芡的淀粉收汁，即可调味食用。

☆绿豆芽☆

【原料】　绿豆芽，蒜。

【制作】

1. 豆芽洗干净，把根部拔掉，蒜拍扁剥皮；
2. 热锅下油，把蒜爆香以后放入绿豆芽翻炒至软，即可调味食用。

晚餐

营养搭配原则　晚餐来一碗清热化痰的苹果羹，让宝贝一夜好眠。

☆苹果羹☆

【原料】　雪梨，苹果，陈皮，白糖，淀粉。

【制作】

1. 苹果、梨去皮核，切成丁，陈皮洗净切碎；
2. 全部材料一同放入锅内，加清水，煮熟至烂，加入白糖，再用湿淀粉勾薄芡即可调味食用。

第二周 芝士的健康小秘密

早餐

营养搭配原则　芝士饼干有着丰富的营养，适合成长期孩子食用。

☆芝士饼干☆

【原料】　黄油，奶油芝士粗粒糖，鸡蛋，糖，香草粉，中筋面粉。

【制作】

1. 黄油和芝士乳酪室温软化，用打蛋器高速混合；
2. 分次加糖、加蛋混合均匀；
3. 加入过筛的面粉和香草粉，拌匀，放冰箱冷藏 3 个小时，拿出后擀成面片；
4. 将面片放入烤箱烤熟即可。

午餐

营养搭配原则　肉类和蔬菜均衡搭配的午餐，口感营养一样棒。

☆熘肉丸☆

【原料】 猪肉，鸡蛋，西红柿，生姜，葱，蒜。

【制作】

1. 猪肉剁烂成蓉，姜葱切粒；
2. 猪肉馅用蛋黄打匀，加入调味料；
3. 西红柿去皮，切块，用小勺挖肉馅团成球状；
4. 热油下锅炸，炸熟猪肉丸子；
5. 西红柿下锅翻炒至出味，加入炸好的丸子，翻炒，即可调味。

☆紫菜鸡蛋汤☆

【原料】　紫菜，鸡蛋，虾米。

【制作】

1. 锅中烧水，淋入鸡蛋液；
2. 等鸡蛋花浮起时，放入紫菜、虾米，闷盖 10 分钟，即可调味食用。

晚餐

营养搭配原则　香蕉和大米营养价值丰富，既营养又助消化。

☆香蕉粥☆

【原料】　大米，香蕉，蜂蜜。

【制作】

1. 大米洗净，放沙锅内煮粥；
2. 将香蕉去除外皮切成小段状，放入粥中，再煮 10 分钟，即可拌入蜂蜜食用。

早餐

营养搭配原则　鸡蛋、牛奶、奶油，味道香甜，营养丰富，特别适合孩子食用。

☆奶黄包☆

【原料】　奶油，牛奶，鸡蛋，面粉，白糖，食用油。

【制作】

1. 面粉搓成面团，发酵 2 小时；
2. 打散鸡蛋，倒入少量牛奶，放上糖、食用油、奶油和少许面粉搅拌均匀；
3. 把调好的馅液放到蒸锅上，蒸熟后，切成一粒粒的形状；
4. 将奶黄馅料包入包子中，把包好的奶黄包放到锅里，蒸熟即可。

午餐

营养搭配原则　牛肉加菠菜，高蛋白富含维生素，是孩子午餐的最佳选择。

☆豆芽炒牛肉☆

【原料】　豆芽，牛肉，韭菜，食盐。

【制作】

1. 豆芽洗净，韭菜洗净，切成段；
2. 牛肉切片，锅里下油，爆炒姜丝，放入牛肉炒至半熟；
3. 加入豆芽、韭菜炒匀，加入盐炒匀。

☆菠菜汤☆

【原料】　菠菜，猪油，高汤，生姜。

【制作】

1. 菠菜切段，焯水；
2. 热锅下油，爆炒生姜片，加入高汤、菠菜，待汤开后即可。

晚餐

营养搭配原则　晚餐吃包子能帮助消化，有助改善睡眠质量。

☆肉包子☆

【原料】　肉末，鸡蛋，面粉，酵母。

【制作】

1. 面粉用酵母发酵，搓成面团；
2. 将肉末倒入鸡蛋中，打散至均匀，然后放入锅子中煎熟，切成条状，制成肉馅；
3. 将面粉和鸡蛋、肉末等放在盘子中，加入水，一起搅拌；
4. 面粉揪成一个个，放入馅儿，包成包子；
5. 隔水蒸 15 分钟后即可食用。

早餐

营养搭配原则　芝士蛋糕含较高热量，有助于宝贝展开充满活力的一天。

☆芝士蛋糕☆

【原料】　芝士条，巧克力粉，慕司。

【制作】

1. 把芝士条切片，再把芝士放进电动打蛋器里搅拌打软，搅拌约半小时到 1 小时；
2. 加入巧克力粉和慕司，充分搅拌；
3. 把芝士糊倒进蛋糕模，放进烤炉烤半小时后取出降温；
4. 完全冷却后放进冰箱，冷却 4、5 小时即可。

午餐

营养搭配原则　萝卜能起到改善人体的新陈代谢的作用，让孩子的身体保持健康。

☆香辣鸡丁☆

【原料】　鸡腿肉，花生米，葱，姜，蒜，干辣椒，花椒，豆瓣酱。

【制作】

1. 用清水发泡花生，去衣后，热锅下油翻炒至焦香，装起来待用；
2. 鸡腿肉切成丁后，加入豆瓣酱等调味料腌制 1 小时；
3. 锅热下油，加入干辣椒和花椒，倒入鸡丁爆炒；
4. 鸡丁爆炒至入味，即可加入花生米和葱段，调味即可食用。

☆萝卜粉丝汤☆

【原料】　白萝卜，粉丝。

【制作】

1. 粉丝先用湿水泡软，萝卜切丝待用；
2. 热锅下油，放水烧开，把萝卜放入锅中，闷盖煮 20 分钟，再放入粉丝，即可调味食用。

晚餐

营养搭配原则　蟹肉中丰富的蛋白质及微量元素，西芹营养丰富，是晚餐的完美搭配。

☆蟹肉西芹☆

【原料】　蟹肉，西芹，生姜，葱，红辣椒，鸡汤，淀粉。

【制作】

1. 焯熟西芹段；
2. 热锅下油放入姜片、葱白段、、红辣椒炒香，加入鸡汤，放入西芹煮入味后捞出；
3. 锅中加盐放入蟹肉，略烫，加湿淀粉勾芡，浇在西芹块上即可。

早餐

营养搭配原则　这是传统的营养早餐，白菜鸡蛋，营养无边。

☆素包子☆

【原料】　大白菜，鸡蛋，面粉。

【制作】

1. 面粉发酵，搓成面团，大白菜切丝；
2. 将大白菜倒入鸡蛋中，打散至均匀，然后放入锅子中煎熟，切成条状，制成肉馅；
3. 将面粉和鸡蛋、大白菜等放在盘子中，加入水，一起搅拌；
4. 面粉揪成一个个，放入馅儿，包成包子；
5. 隔水蒸 15 分钟后即可食用。

午餐

营养搭配原则　鲜美的紫菜蛋花汤配合蘑菇、白菜，合理搭配，营养美味。

☆鲜蘑菇炒鸡蛋☆

【原料】　蘑菇，鸡蛋，葱。

【制作】

1. 鲜蘑菇切片，香葱切成葱花；
2. 打鸡蛋，放入蘑菇和调味料，用筷子打散搅均匀；
3. 热锅下油，下葱花炒至起香，将鸡蛋浆倒下，翻炒至熟即可。

☆紫菜蛋花汤☆

【原料】　紫菜，鸡蛋，虾米。

【制作】

1. 锅中烧水，淋入鸡蛋液；
2. 等鸡蛋花浮起时，放入紫菜，闷盖10分钟，即可调味食用。

晚餐

营养搭配原则　芝麻营养丰富，做成发面饼能帮助儿童消化。

☆芝麻发面饼☆

【原料】　面粉，鸡蛋，芝麻，食盐，葱，芝麻酱。

【制作】

1. 面粉与鸡蛋搅拌成糊状，放入食盐和葱花调味；
2. 热锅下油，煎香面糊的两面；
3. 把芝麻铺在面上，卷好后涂芝麻酱，粘住面饼缝合处；
4. 将卷好的饼放回锅里，煎一二分钟，即可切段食用。

周五

早餐

营养搭配原则　虾仁营养丰富，配合清热去燥的马蹄，既提升口感又能增强孩子的免疫力。

☆鲜虾饺子☆

【原料】　鲜虾仁，马蹄，饺子皮，米酒。

【制作】

1. 鲜虾去壳加入米酒抓匀腌渍 10 分钟；
2. 虾仁和马蹄剁碎；
3. 取将虾仁末、马蹄末和调味料搅拌成虾仁肉馅；
4. 用饺子皮包好饺子，下锅煮熟即可。

午餐

营养搭配原则　土豆中的营养成分对大脑细胞具有保健作用哦，让孩子越来越聪明。

☆萝卜排骨☆

【原料】　排骨，白萝卜，酱油，糖，盐，生姜。

【制作】

1. 排骨剁好，先用酱油、糖、盐腌制两个小时，备用；
2. 白萝卜切片，稍微焯水；
3. 热锅下油，生姜起锅，翻炒排骨至半熟，加入清水，放入白萝卜，闷盖 15 分钟即可调味。

☆土豆丝☆

【原料】　土豆，瘦肉。

【制作】

1. 土豆切丝，用水焯熟；
2. 瘦肉切丝，加入调味料腌制半小时；
3. 热锅下油，炒土豆丝，加清水煮沸后，倒入肉丝同炒，即可调味食用。

晚餐

营养搭配原则　菜肉包内含肉末、香菇和白菜，有助减轻胃部压力，帮助孩子轻松睡眠。

☆白菜肉包☆

【原料】　香菇，白菜，肉末，鸡蛋，生姜，面粉。

【制作】

1. 肉末、大白菜、香菇加入生姜末、调料，再加一个鸡蛋腌制成馅料；
2. 面粉错成面团，发酵；
3. 发酵好的面团切成小段，压扁擀圆，包入馅料；
4. 隔水蒸 20 分钟即可。

第三周 萝卜里的好味道

早餐

营养搭配原则　菜心粥不仅很清淡，而且还很有助于孩子的肠胃消化哦。

☆菜心粥☆

【原料】　大米，菜心。

【制作】

1. 大米洗干净，放入砂锅里，加入水煮成粥；
2. 菜心洗干净，切碎；
3. 等白粥煮的黏稠后，放入菜心，煮10分钟即可调味。

午餐

营养搭配原则　土豆淀粉质含量高，配合营养丰富的胡萝卜，帮助吸收营养。

☆土豆片☆

【原料】　土豆，灯笼椒，葱，蒜，酱油，盐。

【制作】

1. 热锅下油，放灯笼椒，葱花翻炒；
2. 放入土豆片后放盐，炒熟，放酱油与蒜瓣即可。

☆青菜平菇☆

【原料】　青菜，平菇，胡萝卜。

【制作】

1. 青菜、平菇、胡萝卜焯熟；
2. 热锅下油，快速翻炒青菜，放调味料入味，盛出摆盘底；
3. 另起锅炒平菇，加调味料、胡萝卜片，翻炒入味即可，将平菇铺在青菜上面。

晚餐

营养搭配原则　腐竹是营养丰富的豆制品，搭配芹菜和花生，补充营养加倍哦。

☆椒油芹菜腐竹花生米☆

【原料】　花生米，芹菜，腐竹，花椒，干辣椒。

【制作】

1. 腐竹泡软切段，芹菜切段；
2. 热锅下油，取花生米、花椒、干辣椒炒花生油，加入调味料形成香油；
3. 腐竹和芹菜用水焯水后沥干水分，将炒好的香油倒在上面即可。

早餐

营养搭配原则　柴鱼花生粥，食疗又补钙。

☆柴鱼花生粥☆

【原料】　猪骨，花生米，柴鱼，大米。

【制作】

1. 大米加入猪骨煮成稀粥；
2. 煮好粥后，将柴鱼切成小条，花生泡软；
3. 将柴鱼和花生放入锅中煮1小时，即可调味食用。

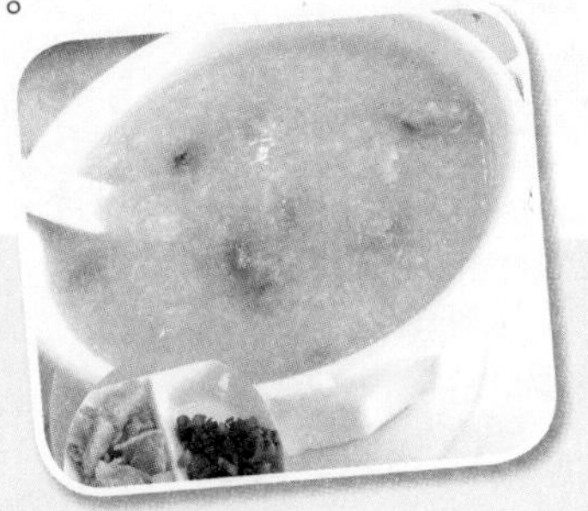

午餐

营养搭配原则　番茄含有丰富的胡萝卜素，土豆含大量淀粉，搭配食用能促进孩子脾胃的消化。

☆鸡蛋饼☆

【原料】　鸡蛋，面粉，黄油。

【制作】

1. 鸡蛋打散搅拌均匀，放入面粉和调味料，均匀搅拌成糊状；
2. 锅中加黄油化开，倒入鸡蛋糊，慢慢推开；
3. 用小火煎至两面金黄即可。

☆鸡蛋番茄土豆片☆

【原料】　土豆，鸡蛋，番茄，生姜，葱。

【制作】

1. 番茄切块、土豆切小条、鸡蛋打散加入调味料；
2. 热锅下油，将鸡蛋滑炒，起锅；
3. 放入葱姜、番茄块煸炒，再放入土豆条，加水煮软，倒入鸡蛋合炒至熟，即可调味食用。

晚餐

营养搭配原则　猪肉加卷心菜，营养丰富，清爽不腻。

☆卷心菜肉丝炒面☆

【原料】　鸡蛋面，卷心菜，猪肉，葱。

【制作】

1. 猪肉切丝，卷心菜切丝、葱切末；
2. 面条放入沸水中煮一下；
3. 放入肉丝翻炒，将卷心菜放入锅中煸炒，加水和调味料闷盖5分钟；
4. 将面条放入卷心菜中，焖一下，面条入味后加入肉丝翻炒，收汁，撒入葱花即可。

早餐

营养搭配原则　肠粉是著名的广式早点，美味可口，并且很容易消化。

☆肉肠粉☆

【原料】　猪肉，粘米粉，玉米粉，食盐，胡椒粉，生姜。

【制作】

1. 猪肉加少量盐、胡椒粉、姜末腌制半小时；
2. 用粘米粉、玉米淀粉混合，制成米浆；
3. 取一平底盘加入米浆，在粉皮上放上猪肉末等馅料；
4. 将粉皮隔水蒸 3 分钟，卷起即可食用。

午餐

营养搭配原则　鲜美的海鲜汤搭配可口的鸡翅根，开胃又有营养。

☆红烧鸡翅根☆

【原料】　鸡翅根，生姜，葱，白糖，酱油，食盐。

【制作】

1. 热锅下油，爆炒姜葱；
2. 将鸡翅根放入锅中翻炒，加入白糖、酱油、食盐、清水，煮熟即可。

☆海鲜汤☆

【原料】　虾米，鱿鱼，干贝，生姜，料酒。

【制作】

1. 虾米、鱿鱼泡洗后用油爆香；
2. 倒入开水加干贝、生姜片、料酒，煮 1 小时即可调味食用。

晚餐

营养搭配原则　鸡肉蛋白质中富含全部人体必需的氨基酸，增强孩子的身体健康。

☆西葫芦炒鸡肉饭☆

【原料】　大米，小米，鸡肉，西葫芦，葱，洋葱。

【制作】

1. 先将两种米洗净，放入电饭煲中煮好；
2. 将鸡蛋打散，洋葱切成圈状，将鸡肉、香葱和西葫芦切粒状；
3. 热锅下油，放入香葱，爆炒，倒入打散了的鸡蛋，炒香后倒入西葫芦粒和鸡肉粒，炒至西葫芦半熟，放入洋葱圈；
4. 一直翻炒，直到洋葱散发香味后，即可倒入双色米饭，继续翻炒，至西葫芦熟透，米饭呈现出金黄色，即可调味食用。

早餐

营养搭配原则　白果可以扩张微血管，促进宝贝的血液循环，让孩子不易生病。

☆白果粥☆

【原料】　白果，腐竹，大米。

【制作】

1. 大米煮成稀粥，白果去壳切开，腐竹浸软切段；
2. 将白果和腐竹放入粥中，煮 1 小时即可。

午餐

营养搭配原则　百合具有清心明目、增强免疫力的功效，让孩子视力明亮，身体棒棒。

☆西芹百合豆腐☆

【原料】　西芹，百合，豆腐。

【制作】

1. 热锅下油放入焯好的芹菜和百合，翻炒；
2. 加入豆腐，翻炒至熟，加入调味料即可。

☆白菜粉条☆

【原料】　五花肉，大白菜，土豆粉条，胡椒。

【制作】

1. 将五花肉整块放入水中，加入胡椒，熟透后取出切成小片；
2. 大白菜和土豆粉条焯熟；
3. 将大白菜和土豆粉条放入锅中同炖 30 分钟，即可调味食用。

晚餐

营养搭配原则　荤素搭配，均衡营养，为宝贝的身体健康保驾护航。

☆猪肉炒白菜☆

【原料】　猪肉，白菜，生姜。

【制作】

1. 猪肉切片，白菜切段；
2. 姜蓉起锅，放入猪肉片爆炒至半熟；
3. 加入白菜段翻炒，加入清水，煮 5 分钟，即可调味食用。

早餐

营养搭配原则　青菜包子有丰富的蔬菜营养，有利宝贝的身体健康。

☆青菜包子☆

【原料】　中筋面粉，酵母粉，青菜，干香菇，海米。

【制作】

1. 青菜、香菇、海米等洗净灼熟，切碎，拌匀；
2. 将面粉按比例搅拌，发酵；
3. 把油和调味料加入菜馅中，搅匀后即可加入面粉团中，制成包子；
4. 把包子放入凉水蒸锅，沸水后，中火蒸7、8分钟即可。

午餐

营养搭配原则　以排骨、生菜和豆腐作为营养午餐，包含足够的碳水化合物、高质量蛋白和孩子身体所需的维生素。

☆青椒排骨☆

【原料】　排骨，青椒，红糖，酱油。

【制作】

1. 排骨切成小块，放入开水中煮3分钟捞出；
2. 炒锅点火，倒一点儿油，放入红糖，搅拌到起沫时再倒入酱油，然后将排骨倒入煸炒；
3. 待煸炒均匀之后，加入青椒翻炒至熟，即可调味食用。

☆生菜豆腐汤☆

【原料】　豆腐，生菜，虾皮，生姜，蒜，高汤。

【制作】

1. 姜蒜切片，虾皮洗净沥干水分，生菜切丝，豆腐切小块；
2. 热锅下油，爆香姜片蒜片，放虾皮翻炒；
3. 放入豆腐，加入高汤，大火煮5分钟；
4. 加入生菜丝即可调味。

晚餐

营养搭配原则　黄瓜中的纤维素对促进肠道内腐败物质的排除，以及对降低胆固醇有一定作用。

☆拍黄瓜☆

【原料】　黄瓜，香油，蒜，醋，食盐。

【制作】

1. 黄瓜切段，分别拍开；
2. 放入盆内，拌入盐、蒜泥、香油和少量的醋即可。

第四周 绿色菠菜四月天

早餐

营养搭配原则　小麦面粉富含蛋白质、碳水化合物、维生素和钙、铁、磷、钾、镁等矿物质，都是孩子成长所需的营养物质哦。

☆双色卷☆

【原料】　面粉，面肥，鸡蛋，白糖。

【制作】

1. 面粉制成面糊，对半分开加入调味料，一半面糊拌入白糖，一半面糊拌入鸡蛋液，搅拌成面团；
2. 分别将两种面团擀成薄片，按照一层白面片，一层黄面皮的次序叠好，卷成卷；
3. 隔水蒸 20 分钟即可食用。

午餐

营养搭配原则　菠菜和猪肉富含铁质，为孩子提供每天所需的微量元素。

☆肉片炒白菜☆

【原料】　大白菜，瘦肉。

【制作】

1. 大白菜和瘦肉切丝；
2. 瘦肉丝用调味料腌制半个小时；
3. 热锅下油，爆炒瘦肉丝至半熟，然后加入白菜丝，炒熟加调味料，即可食用。

☆猪骨菠菜汤☆

【原料】　猪骨，菠菜。

【制作】

1. 用清水洗净猪骨，砍碎，菠菜切段；
2. 加清水，放入猪骨煮 1 小时，放入菠菜再煮 10 分钟，加入调味料即可。

晚餐

营养搭配原则　青瓜含有丰富的淀粉与植物蛋白质，能改善孩子营养不良的情况。

☆青瓜炒蛋☆

【原料】　青瓜，鸡蛋。

【制作】

1. 青瓜切片，鸡蛋打散；
2. 热锅下油，翻炒蒜蓉后加入青瓜翻炒，青瓜炒熟后加入鸡蛋液、调味料，即可食用。

早餐

营养搭配原则　肉丸粥嫩滑美味，营养丰富，每个孩子都喜欢吃。

☆肉丸粥☆

【原料】　大米，猪肉，食盐。

【制作】

1. 猪肉剁成蓉，加入食盐，不断拍打至有弹性，扭成丸子；
2. 大米煮成稀粥，加入丸子至丸子熟透，即可调味食用。

午餐

营养搭配原则　莲藕富含维生素C和粗纤维，能改善血液循环，有益于孩子的身体健康。

☆爆炒藕片☆

【原料】　莲藕，灯笼椒，生姜。

【制作】

1. 莲藕切片，灯笼椒切块，姜切片；
2. 热锅下油，放入姜片爆炒；
3. 倒入灯笼椒爆炒，放入藕片爆炒几分钟即可调味食用。

☆扬州炒饭☆

【原料】　火腿，香肠，鸡蛋，米饭，青豆，胡萝卜，食盐，酱油。

【制作】

1. 将火腿、香肠、胡萝卜等切粒；
2. 热锅下油，放入米饭翻炒至松散，加入鸡蛋翻炒；
3. 加入上述材料，一起翻炒至全部熟透，加点食盐和酱油翻炒，即可食用。

晚餐

营养搭配原则　河粉的原料是大米，能够保证孩子摄取到足够的淀粉和营养。

☆三星炒粉☆

【原料】　河粉，鸡蛋，绿豆芽，胡萝卜，酱油，食盐。

【制作】

1. 热锅下油，将河粉放入锅中翻炒；
2. 胡萝卜切丝，和绿豆芽一起放入锅中，与河粉一直翻炒至熟透；
3. 最后放入鸡蛋，加入酱油和食盐翻炒至熟，即可食用。

早餐

营养搭配原则　麻花卷能提供早晨活动所需的碳水化合物。

☆麻花卷☆

【原料】　面粉，面肥，芝麻酱，花生油，精盐，碱。

【制作】

1. 将面肥放入盘内，用温水泡开，加入面粉发酵成面团，酵面发起或，加入碱液揉匀，发松 1 小时；
2. 芝麻酱放置碗内，加入食盐食油搅拌；
3. 面团擀成条状，抹上芝麻酱，扭成卷状，放入蒸笼中蒸 15 分钟即可。

午餐

营养搭配原则　鸡肉提供所需的氨基酸，结合豆芽丰富的蛋白质,为孩子的健康保驾护航。

☆土豆烧鸡肉☆

【原料】　土豆，鸡块，酱油。

【制作】

1. 鸡块腌制约 20 分钟，土豆切块；
2. 姜葱起锅，倒入鸡块翻炒至七成熟；
3. 倒入土豆块，加酱油翻炒；
4. 加入清水，闷盖煮 30 分钟，调味食用。

☆绿豆芽☆

【原料】　绿豆芽，蒜。

【制作】

1. 豆芽洗干净，把根部拔掉，蒜拍扁剥皮；
2. 热锅下油，把蒜爆香以后放入绿豆芽翻炒至软，调味后即可食用。

晚餐

营养搭配原则　土豆和鸡蛋营养丰富，搭配富含维生素的西红柿，碰撞出全新营养美味。

☆鸡蛋番茄土豆片☆

【原料】　土豆，鸡蛋，番茄，葱，生姜。

【制作】

1. 番茄切块、土豆切小条、鸡蛋打散加入调味料；
2. 热锅下油，将鸡蛋滑炒，起锅；
3. 放入葱姜、番茄块煸炒，再放入土豆条，加水煮软，倒入鸡蛋合炒至熟，即可调味食用。

早餐

营养搭配原则　菠菜中所含的维生素 A、维生素 C 是所有蔬菜之冠，对很多疾病的预防和治疗起着非常重要的作用。

☆菠菜面☆

【原料】　菠菜面。

【制作】

1. 将面放入沸水中，开盖煮 3 分钟即可；
2. 在汤面中放点新鲜蔬菜叶更加有益健康。

营养搭配原则　芹菜能促进胃液分泌，土豆中丰富的膳食纤维，配合起来能疏通肠道，促进营养吸收。

☆香干芹菜☆

【原料】　芹菜，豆腐干，食盐，酱油，鸡精，葱，姜。

【制作】

1. 香干洗干净切丝待用；
2. 芹菜叶子去掉，切段洗干净；
3. 锅中烧水加盐，水开把芹菜倒入锅中焯熟；
4. 另起一锅倒油，放葱花、姜片爆香一下，倒入豆腐干，加点盐，酱油爆炒一下；
5. 倒入焯过水的芹菜，爆炒 2 到 3 分钟，加鸡精起锅。

☆土豆虾仁☆

【原料】　鲜虾仁，土豆丝，食盐，胡椒粉。

【制作】

1. 土豆切丝，虾仁洗净；
2. 虾仁加盐，胡椒粉等调料下五成热油中焯熟；
3. 热锅下油，将土豆丝爆炒至半熟，放入虾仁炒熟，即可调味食用。

晚餐

营养搭配原则　韭菜含大量维生素和矿物元素，有抑制病菌生长的作用哦。

☆香煎韭菜饺☆

【原料】　猪肉馅，韭菜，饺子皮。

【制作】

1. 将猪肉和韭菜一起剁成蓉，加入调味料成馅料；
2. 将馅料包入饺子皮中；
3. 隔水蒸饺子 15 分钟，待饺子皮冷却变硬后，油煎即可。

早餐

营养搭配原则　猪的内脏含有丰富的铁质，能为孩子补充身体所需的营养元素。

☆及第粥☆

【原料】　猪肉，猪肝，粉肠，猪腰，猪肚，大米，葱，生姜。

【制作】

1. 将全部材料切片备用，大米下锅煮成米粥；
2. 在粥中放入猪肚、粉肠及姜片、葱丝煮约1小时；
3. 待粉肠和猪肚熟透后，加入其余材料煮30分钟，即可调味食用。

午餐

营养搭配原则　豆腐干不仅营养丰富，而且香脆可口，能够提升食欲，帮助营养吸收。

☆炒干丝☆

【原料】　豆腐干，虾米，榨菜，蒜蓉，青红椒，白糖。

【制作】

1. 五香豆腐干洗净，切丝焯水；
2. 虾米用清水浸软，取起沥干水，青椒洗净，切开边去核，切丝；
3. 榨菜洗净，切片，用清水浸5分钟，取起切丝，加入少许糖拌匀；
4. 下油爆香虾米，下蒜蓉、干豆腐丝翻炒，加入榨菜、青红椒炒匀，下调味料即可。

☆爆炒藕片☆

【原料】　莲藕，灯笼椒，生姜。

【制作】

1. 莲藕切片，灯笼椒切块，姜切片；
2. 热锅下油，放入姜片爆炒；
3. 倒入灯笼椒爆炒，放入藕片爆炒几分钟，即可调味食用。

晚餐

营养搭配原则　香菇含多种氨基酸和维生素，配合菠菜的丰富矿物质，孩子能够吸收到更多营养。

☆香菇菠菜☆

【原料】　菠菜，香菇、火腿，生姜，淀粉，蛋黄。

【制作】

1. 将菠菜洗净切段，生姜切丝；
2. 蛋黄打散，放入水淀粉，将菠菜整齐地放入盘内，使其蘸满蛋黄糊；
3. 香菇与火腿均切成细丝；
4. 锅中放油烧至四成热，爆炒姜丝，再放入菠菜撒上火腿、香菇丝，闷盖10分钟即可。

第三章 五月，孩子喜爱的缤纷滋味不仅仅在餐桌上

五月，阳光开始炙热，春天已经接近尾声，炎热的夏天即将来临，在这个时候，吃芦笋是最好不过的了，芦笋制作简单，而且营养丰富，将新鲜的芦笋简单煮一下，配上简单的调味料就能吃出清爽脆嫩的滋味。而且，在五月，墨鱼、菠菜也是当仁不让的上佳菜式。五月的第一周是假期，爸爸妈妈和孩子们也许都出门旅行啦，在外吃饭一定要注意食品安全卫生哟。

第二周
古早味大锅菜

早餐

营养搭配原则　孩子们都喜欢吃蛋糕，鸡蛋和低筋粉能够为孩子补充清晨所需的营养。

☆奶油蛋糕☆

【原料】　鸡蛋，低筋粉，奶油，牛奶，白糖粉。

【制作】

1. 蛋加入白糖粉，以打蛋器打出泡沫；
2. 将过筛的低筋粉加入 1 的料中，以木勺拌匀；
3. 将隔水溶化后的牛奶、奶油倒入 2 中快速搅拌混合；
4. 将 3 料倒入蛋糕模型约八分满，入 180 度烤箱中烘烤约 30 分钟。

午餐

营养搭配原则　杏仁富含维生素 B17，造成酥饼能补脑益气，配合营养丰富的大锅菜，有助孩子消化。

☆杏仁酥饼☆

【原料】　杏仁，鸡蛋，低筋面粉，泡打粉，小苏打粉，白糖。

【制作】

1. 将一半的低筋面粉放入烤盘，下火 180 度，烤 15 分钟后放凉备用；
2. 在烤过的面粉和剩下的面粉上，加上糖、小苏打粉和泡打粉均匀搅拌再过筛；
3. 将面粉搓成均匀的松散状，加入全蛋；
4. 将面团放在保鲜膜内松弛半个小时；
5. 取小块面团揉成圆球状后放入烤盘上，轻按成小饼状；
6. 刷一层全蛋液，在表面放上杏仁；
7. 放入烤箱，180 度，上下火烤 20 分钟即可。

☆大锅菜☆

【原料】　大白菜，猪肉，炸丸子，炸豆腐块，海带，宽粉条。

【制作】

1. 白菜切块，海带切丝，粉条用开水煮熟；
2. 热锅下油，翻炒肉片；
3. 将白菜、海带丝、粉条放入锅内翻炒，加清水，倒入炸丸子和豆腐块，闷盖煮 10 分钟，至材料熟透，即可调味食用。

晚餐

营养搭配原则　以鸡丝为主的清淡晚餐易于消化，减轻孩子心脏和肠胃的压力。

☆鸡丝馄饨☆

【原料】　馄饨皮，瘦猪肉，熟鸡肉，干淀粉，鸡蛋，紫菜，香菜，葱。

【制作】

1. 把猪肉剁成泥，加入酱油、葱姜末等包成馄饨；
2. 鸡蛋打散，用油煎成蛋皮；
3. 香菜末，紫菜泡好后撕成小片，将熟鸡肉和蛋皮切成细丝待用；
4. 锅内高汤烧沸，闷盖煮馄饨，再撒上紫菜片，香菜末，鸡蛋皮丝，熟鸡丝，再把烧沸的高汤浇到馄饨碗内即可。

早餐

营养搭配原则　早餐吃米粉能有效调节脂肪代谢，提供膳食纤维，并可以增强肠道功能帮助消化哦。

☆瘦肉米粉☆

【原料】　瘦肉，米粉，生姜，葱。

【制作】

1. 热锅下油，翻炒姜葱，放入瘦肉片翻炒至半熟；
2. 锅中放入清水，煮沸，放入调味料为汤底；
3. 放入米粉，煮至软，即可调味食用。

午餐

营养搭配原则　肉类和蔬菜有机结合，加上钙质的虾皮，营养美味顶呱呱。

☆红烧火腿排骨☆

【原料】　排骨，金华火腿，竹笋，香菇，生姜。

【制作】

1. 大蒜去皮，竹笋去壳，香菇泡软，火腿切片，姜切丝，排骨切段；
2. 生姜起锅，放入排骨香煎至半熟，放入火腿丝、竹笋和香菇，加清水，闷盖煮10分钟，即可调味。

☆紫菜虾皮汤☆

【原料】 紫菜，虾皮，鸡蛋，料酒。

【制作】

1. 将紫菜洗净，用水泡开；
2. 鸡蛋打散搅匀成蛋液；
3. 虾皮洗净，加料酒浸泡 5 分钟；
4. 热锅下油，放入清水，加入紫菜和虾皮，闷盖煮 20 分钟；
5. 待紫菜烂熟之后，倒入蛋浆，即可调味食用。

晚餐

营养搭配原则　芹菜营养丰富，孩子们都很喜欢火腿肠，二者结合是一道极佳的营养菜。

☆芹菜黄豆火腿肠☆

【原料】 火腿肠，香芹，黄豆，生姜，葱。

【制作】

1. 香芹切段、火腿肠切条、黄豆泡开；
2. 西芹用沸水焯熟；
3. 姜葱起锅，放入火腿翻炒，加入香芹爆炒至熟，倒入清水，放入黄豆，闷盖 30 分钟，慢炖，即可调味食用。

早餐

营养搭配原则　白菜还有丰富的维生素元素，鸡蛋含有丰富的蛋白质，多吃身体健康。

☆白菜包子☆

【原料】 大白菜，鸡蛋，面粉，食盐。

【制作】

1. 面粉发酵，搓成面团，大白菜切丝；
2. 将大白菜倒入鸡蛋中，打散至均匀，加入食盐，然后放入锅中煎熟，切成条状，制成肉馅；
3. 面团揪成一个个，放入馅儿，包成包子；
4. 隔水蒸 15 分钟后即可食用。

午餐

营养搭配原则　白菜清热解毒，猪肉丸子营养丰富，配合可口补脑的紫菜汤，有助提升孩子的体质哦。

☆白菜粉丝烧丸子☆

【原料】　大白菜，粉丝，肉丸。

【制作】

1. 大白菜切大块；粉丝用水泡软；
2. 烧沸水，放进肉丸，在放入大白菜，煮15分钟；
3. 带肉丸和大白菜熟透变软，即可放入粉丝，待熟后即可调味食用。

☆紫菜淡菜汤☆

【原料】　紫菜，淡菜，鸡蛋，料酒。

【制作】

1. 将紫菜洗净，用水泡开；
2. 鸡蛋打散搅匀成蛋液；
3. 淡菜洗净，加料酒浸泡5分钟；
4. 热锅下油，放入清水，加入紫菜和淡菜，闷盖煮20分钟；
5. 待紫菜烂熟之后，倒入蛋浆，即可调味食用。

晚餐

营养搭配原则　花生能够给宝贝提供身体所需的大量蛋白和脂肪，改善膳食的结构和品质。

☆腐竹花生米☆

【原料】　花生米，腐竹，花椒，干辣椒，香油。

【制作】

1. 腐竹泡软切段；
2. 热锅下油，取花生米、花椒、干辣椒炒花生油，加入调味料形成香油；
3. 腐竹用水焯水后沥干水分，将炒好的香油倒在上面即可。

早餐

营养搭配原则　蛋挞美味可口，营养丰富，孩子们都很喜欢哦。

☆蛋挞☆

【原料】　蛋挞皮，低筋面粉，淡奶油，牛奶，蛋黄，糖。

【制作】

1. 将淡奶油、牛奶、糖搅拌均匀，加热至糖完全融化，放凉后加入蛋黄成蛋挞液；
2. 加入低筋粉，搅拌均匀；
3. 把弄好的蛋挞液倒入蛋挞皮内至七分满；
4. 装入烤盘，放入预热好的烤箱中，烤箱设置在 210 度，烤 25 分钟。

午餐

营养搭配原则　韭菜能增进孩子的食欲，并能减少对胆固醇的吸收，搭配清爽黄瓜，清热消暑又解腻。

☆馅饼☆

【原料】　面粉，韭菜，鸡蛋，虾仁。

【制作】

1. 面粉和好，揉成面团；
2. 韭菜和虾仁剁碎，和鸡蛋、调味料搅拌成馅料；
3. 面团擀成饼皮，将馅料包入饼皮中；
4. 将包好的饼放入油锅中香煎至熟即可。

☆鸡蛋番茄土豆片☆

【原料】　土豆，鸡蛋，西红柿，生姜，葱。

【制作】

1. 西红柿切块、土豆切小条、鸡蛋打散加入调味料；
2. 热锅下油，将鸡蛋滑炒，起锅；
3. 放入葱姜、西红柿块煸炒，再放入土豆条，加水煮软，倒入鸡蛋炒至熟，即可调味食用。

晚餐

营养搭配原则　虾皮补钙，马蹄多吃能消暑热，对滋补身体有很好的作用哦。

☆鲜虾饺子☆

【原料】　鲜虾仁，米酒，马蹄，饺子皮。

【制作】

1. 鲜虾去壳加入米酒抓匀腌渍 10 分钟；
2. 虾仁和马蹄剁碎；
3. 取将虾仁末、马蹄末和调味料搅拌成虾仁馅；
4. 用饺子皮包好馅，下锅煮熟即可。

早餐

营养搭配原则　蛋糕主要含碳水化合物、蛋白质、脂肪等，提供给孩子早晨所需的热量。

☆抹茶蛋糕☆

【原料】　奶油乳酪，黄油，牛奶，抹茶粉，玉米粉，芝士，砂糖，鸡蛋。

【制作】

1. 将奶油乳酪、黄油、牛奶搅拌均匀，鸡蛋分离出蛋白和蛋黄；
2. 将抹茶粉、玉米粉过筛后拌入芝士糊，再加入蛋黄和细砂糖；
3. 蛋白加糖打至湿性发泡，拌入芝士面糊；
4. 面糊入模型，烤箱预热 150 度，热水烘烤 30 钟即可。

午餐

营养搭配原则　西芹促进食欲、清肠利便，蟹肉含有丰富的蛋白质及微量元素，对身体有很好的滋补作用。

☆西芹蟹肉☆

【原料】　蟹肉，西芹，生姜，葱，鸡汤，食盐，淀粉，红辣椒。

【制作】

1. 焯熟西芹段；
2. 热锅下油放入姜片、葱白段、红辣椒炒香，加入鸡汤放入西芹块煮入味后捞出；
3. 锅中加盐放入蟹肉，略烫，加湿淀粉勾芡，浇在西芹块上即可。

☆海鲜汤☆

【原料】　虾米，鱿鱼，干贝，生姜，料酒。

【制作】

1. 虾米、鱿鱼泡洗后用油爆香；
2. 倒入开水加干贝、姜、料酒，煮 1 小时即可调味食用。

晚餐

营养搭配原则　清新家常豆腐，含有丰富的营养价值，很适合孩子吃哦。

☆客家酿豆腐☆

【原料】　豆腐，猪肉，蒜。

【制作】

1. 猪肉剁烂成泥，和调味料、蒜蓉一起搅拌调味；
2. 用勺子在豆腐块上挖一个小洞，将馅料塞进去；
3. 将豆腐放入油锅中香煎至熟，即可。

第三周
粗粮“新煮意”

早餐

营养搭配原则　小米粥能促进肠胃蠕动，配合正气补气的橘皮有助孩子健体强身。

☆橘香小米粥☆

【原料】　橘皮，小米。

【制作】

1. 小米下锅煮成稀粥；
2. 橘皮泡软，切丝；
3. 将橘皮加入小米粥中，煮1小时即可调味食用。

午餐

营养搭配原则　鹌鹑蛋高蛋白、低脂肪、低胆固醇，搭配营养的牛肉可以帮助吸收营养，防止少儿肥胖症发生。

☆滑溜牛肉片☆

【原料】　牛肉，竹笋，木耳，蛋清，淀粉，盐，生姜，葱。

【制作】

1. 牛肉切片，用蛋清、淀粉、盐上浆；
2. 热锅下油，将牛肉片滑熟盛出；

3. 姜葱另起锅，放竹笋片，再放入木耳、牛肉片和调味料，翻炒至熟即可。

☆卤鹌鹑蛋☆

【原料】　鹌鹑蛋，卤水配料。

【制作】

1. 锅里加水，放入卤水料煮至出味；
2. 放入鹌鹑蛋煮1小时即可。

晚餐

营养搭配原则　菠菜富含丰富的营养元素，搭配鲜美上汤，让晚餐更美味。

☆上汤菠菜☆

【原料】　菠菜，咸蛋，皮蛋，上汤，生姜，蒜。

【制作】

1. 菠菜洗净，焯水至熟，姜蒜切片；
2. 锅中加上汤，沸水后，放入咸蛋和皮蛋，调味；
3. 把煮好的上汤淋在菠菜上即可。

周二

早餐

营养搭配原则　豆芽拌河粉，为早晨提供充足热量，均衡营养。

☆拌河粉☆

【原料】　河粉，豆芽，午餐肉，酱油，食盐。

【制作】

1. 河粉焯熟，午餐肉香煎至熟后切丝；
2. 热锅下油，豆芽和午餐肉丝翻炒至熟；
3. 将河粉放于盘子中，将豆芽和午餐肉丝，加入酱油、食盐，搅拌均匀即可。

午餐

营养搭配原则　香浓黄豆搭配营养猪肉，配合丰富的青菜豆腐汤，既开胃又营养。

☆黄豆焖肉☆

【原料】　猪肉，黄豆，生姜，葱。

【制作】

1. 黄豆用水泡软，猪肉切块；
2. 猪肉用酱料腌 10 分钟；
3. 姜葱起锅，放入黄豆翻炒；
4. 加水，放入调味料，焖煮黄豆和猪肉，待食物烂熟，即可上锅。

☆青菜豆腐汤☆

【原料】　豆腐，青菜，虾皮，生姜，蒜，高汤。

【制作】

1. 姜蒜切片，虾皮洗净沥干水分，青菜切段，嫩豆腐切小块；
2. 热锅下油，爆香姜片蒜片，放虾皮翻炒；
3. 放入豆腐，加入高汤，大火煮 5 分钟；
4. 开盖加入青菜，大火煮 1 分钟后调味食用。

晚餐

营养搭配原则　虾皮和豆腐含钙量较高，为孩子的骨骼发育加分。

☆豆腐虾皮汤☆

【原料】　虾皮，豆腐。

【制作】

1. 虾皮洗净后泡发，嫩豆腐切成小方块；
2. 热锅下油，放入清水煮沸后加入豆腐和虾皮，煮 20 分钟，即可调味食用。

营养搭配原则　白灼鸡蛋能最有效保存鸡蛋中的营养，吃时蘸一点酱油会更香。

☆白灼鸡蛋☆

【原料】　鸡蛋，食盐，酱油。

【制作】

1. 起锅煮沸开水，将鸡蛋放入沸水中煮熟；
2. 上锅后将鸡蛋切粒，撒上一点点食盐，即可蘸酱油食用。

营养搭配原则　鸡汤能够改善人体的免疫机能，有助于提高宝贝的身体免疫能力。

☆干锅大白菜☆

【原料】　大白菜，米醋，香油，白糖。

【制作】

1. 白菜切块；
2. 热锅下油，放入白菜，爆炒，下白糖、醋和调味料，即成。

☆老母鸡汤☆

【原料】　老母鸡，生姜。

【制作】

1. 生姜切片，老鸡切大块；
2. 锅中煮沸水，加入生姜片和老母鸡块，炖一个半小时，即可调味食用。

晚餐

营养搭配原则　芦笋具有暖胃作用，并且能促进消化助吸收哦。

☆蒜蓉芦笋☆

【原料】　芦笋，蒜。

【制作】

1. 热锅下油，爆香蒜蓉；
2. 芦笋切片，焯水，加入热锅中爆炒至熟，即可调味食用。

早餐

营养搭配原则　番薯具有大量粗纤维，早餐食用有助促进孩子的肠胃蠕动和吸收营养。

☆紫米番薯粥☆

【原料】　紫米，砂糖，番薯。

【制作】

1. 紫米洗净加入清水，煮半个小时成为紫米粥；
2. 番薯切粒，待紫米成粥的时候放进去，煮 1 小时；
3. 食用前再重新开火煮 20 分钟直到米粒软烂，加入砂糖，即可食用。

午餐

营养搭配原则　柴鱼有丰富的蛋白质，配合排骨的补钙功效，帮助孩子的骨骼生长。

☆排骨烧面筋☆

【原料】　排骨，面筋，豆豉，甜面酱，酱油，红糖，食盐。

【制作】

1. 排骨切成小块，放入开水中煮 3 分钟捞出；
2. 炒锅点火，倒一点儿油，放入红糖，搅拌到起沫时再倒入酱油，然后将排骨倒入煸炒；
3. 待煸炒均匀之后倒入开水（水量以不没过肉为宜），加入盐和辅料，小火烧约 40 分钟后，将面筋切成两半后放入，再烧 15 分钟即熟。

☆柴鱼粥☆

【原料】　猪骨，花生米，柴鱼，大米。

【制作】

1. 大米加入猪骨煮成稀粥；
2. 煮好粥后，将柴鱼切成小条，花生泡软；
3. 将柴鱼和花生放入锅中煮 1 小时，即可调味食用。

晚餐

营养搭配原则　冬瓜营养丰富，搭配香脆的花生，别有一番好滋味。

☆花生仁炒冬瓜☆

【原料】　冬瓜，花生，木耳，虾皮。

【制作】

1. 冬瓜切块，虾皮洗净，木耳发水；
2. 生姜起锅，把花生米炒香后倒入所有材料翻炒，加入清水和调味料，闷盖煮 20 分钟即可。

周五

早餐

营养搭配原则　绿豆和黑豆可清热解毒，并且能够清理肠胃垃圾。

☆双色米粥☆

【原料】　绿豆，黑豆，大米。

【制作】

1. 将三种材料洗干净；
2. 锅中加入清水，将所有材料放入煮2小时，即可食用。

午餐

营养搭配原则　吃羊肉时搭配凉性和甘平性的蔬菜，能起到补充营养又不上火的作用。

☆炒三丁☆

【原料】　羊肉，黄瓜，冬笋，鸡蛋，生姜，葱，淀粉，砂糖。

【制作】

1. 羊肉切丁，黄瓜切丁，冬笋切丁；
2. 打散鸡蛋，加入淀粉、砂糖等调味料，拌好羊肉丁；
3. 热锅下油，姜葱起锅，翻炒冬笋和黄瓜至半熟，加入羊肉丁，炒熟即可调味食用。

☆面筋汤☆

【原料】　面粉，黄豆，鸡蛋。

【制作】

1. 面粉调制成水调面团，静止放置，待面团中的淀粉、麸皮等成分分离出去后成为面筋；
2. 烧沸水，加黄豆、打散的鸡蛋，倒入面筋煮成糊状，至熟，即可调味食用。

晚餐

营养搭配原则　红烧肉肥而不腻，加入营养丰富的豆角，更加鲜美。

☆红烧肉烩菜☆

【原料】　五花肉，豆角，红糖。

【制作】

1. 将肉切块，焯水至熟，豆角切段；
2. 热锅下油，加入红糖，炒肉至半熟，加入清水，闷盖煮15分钟；
3. 加入豆角，调味，再闷盖煮10分钟，即可。

第四周
鲜嫩豆腐忘不了

早餐

营养搭配原则　卷心菜含膳食纤维，是加强营养吸收的好帮手。

☆卷心菜肉丝炒面☆

【原料】　鸡蛋面，卷心菜，猪肉，葱。

【制作】

1. 猪肉切丝，卷心菜切丝、葱切末；
2. 面条放入沸水中煮一下；
3. 放入肉丝翻炒，将卷心菜放入锅中煸炒，加水和调味料闷盖 5 分钟；
4. 将面条放入卷心菜中，焖一下，面条入味后加入肉丝翻炒，收汁，撒入葱花即可。

午餐

营养搭配原则　银芽含有丰富的钾，山楂具有开胃的作用，搭配鲜美鸡翅，孩子们都爱吃。

☆肉丝炒银芽☆

【原料】　银芽，银鱼干，猪肉，生粉。

【制作】

1. 银鱼干用滚油炸香；
2. 银芽下锅炒熟后铲起；
3. 猪肉切成肉丝，加入生粉及油拌匀，下油翻炒至熟后，加入银芽和银鱼，翻炒即可调味食用。

☆山楂煨鸡翅☆

【原料】　鸡翅，山楂，生姜，葱。

【制作】

1. 将山楂切片；鸡翅焯水至半熟；
2. 姜葱起锅，将鸡翅、山楂、生姜、葱同放入沙锅内，加入调味料煮 35 分钟即可。

晚餐

营养搭配原则　番茄酸酸甜甜味道好，孩子们都喜欢吃番茄炒蛋，晚上吃不积食哦。

☆番茄炒鸡蛋☆

【原料】　番茄，鸡蛋，蒜。

【制作】

1. 番茄切块，鸡蛋打散；
2. 热锅下油，翻炒蒜蓉后加入番茄翻炒，番茄炒熟后加入鸡蛋液，即可调味。

早餐

营养搭配原则　白粥搭配萝卜干、咸菜干等，好吃易消化，是传统中式早餐的给力搭配。

☆大米粥☆

【原料】　大米。

【制法】

1. 大米先泡水半个小时；
2. 开锅煮沸水，加入大米，煮一个小时即可。

午餐

营养搭配原则　牛肉富含蛋白质，氨基酸组成比猪肉更接近人体需要，能提高机体抗病能力。

☆牛肉烧土豆☆

【原料】　牛肉，土豆，生姜。

【制作】

1. 牛肉切薄片，土豆切片，生姜切片；
2. 热锅下油，爆炒姜片，加入土豆翻炒至半熟，加入清水，焖 10 分钟；
3. 待水收了之后，加入牛肉翻炒至熟，即可调味食用。

☆菠菜蛋花汤☆

【原料】　菠菜，鸡蛋，高汤。

【制作】

1. 菠菜焯烫后，挤干水分，切段；
2. 将高汤倒入锅中，用开水来煮调味；
3. 再次煮滚后，以绕圈方式倒入蛋汁，加入菠菜。

晚餐

营养搭配原则　油麦菜具有降低胆固醇、治疗神经衰弱、清燥润肺、化痰止咳等功效，是一种低热量、高营养的蔬菜。

☆蒜蓉油麦菜☆

【原料】　油麦菜，蒜。

【制作】

1. 蒜头剁成蒜蓉，油麦菜洗净切段；
2. 热锅下油，炒香蒜蓉，放入油麦菜炒熟即可调味食用。

早餐

营养搭配原则　皮蛋瘦肉粥不仅能增进宝贝的食欲，还能促进营养吸收。

☆皮蛋瘦肉粥☆

【原料】　大米，皮蛋，瘦肉，生姜。

【制作】

1. 皮蛋切瓣，生姜切丝，猪瘦肉洗净后用调味料腌3小时；
2. 大米煮成稀粥；
3. 往粥中放入皮蛋和瘦肉片、生姜丝煮30分钟，即可调味食用。

午餐

营养搭配原则　牛蹄筋富含胶原蛋白，配合白菜、胡萝卜和肉丝炒成的炒三丝，有助消化，并且帮助营养吸收。

☆蹄包烧豆腐☆

【原料】　水发牛蹄筋，豆腐泡，红绿辣椒，葱，蒜。

【制作】

1. 蹄筋切条，同豆腐泡焯水；
2. 热锅下油，下葱蒜爆香，翻炒辣椒，加入调料，加清水，倒入蹄筋和豆腐泡，煮至入味，即可调味食用。

☆炒三丝☆

【原料】　胡萝卜，大白菜，瘦肉。

【制作】

1. 大白菜和胡萝卜、瘦肉切丝；
2. 瘦肉丝腌制半个小时；
3. 热锅下油，爆炒瘦肉丝至半熟，然后加入胡萝卜丝和白菜丝，炒熟即可调味食用。

晚餐

营养搭配原则　鳕鱼高营养、低脂肪、高蛋白，刺少，是特别适合孩子的营养食品。

☆鳕鱼柳☆

【原料】　鳕鱼排，鸡蛋，牛奶，面粉。

【制作】

1. 鳕鱼排逐片蘸鸡蛋液与和了牛奶、调味料的面粉；
2. 热锅下油，油煮至八分热后，放入鳕鱼排，逐片来炸即可。

早餐

营养搭配原则　猪肝具有明目的功效，清晨一碗状元粥，为宝贝的学业加分。

☆状元粥☆

【原料】 猪肉，猪肝，粉肠，猪腰，猪肚，大米，葱，姜。

【制作】

1. 将全部材料切片备用，大米下锅煮成米粥；
2. 在粥中放入猪肚、粉肠及姜片、葱丝煮约1小时；
3. 待粉肠和猪肚熟透后，加入其余材料煮30分钟，即可调味食用。

午餐

营养搭配原则　莴笋含有非常丰富的氟元素，可参与牙和骨的生长，还能改善消化系统的肝脏功能，对孩子尤为有益。

☆冬瓜烧肉☆

【原料】 冬瓜，猪肉，生姜，葱。

【制作】

1. 猪肉切片后焯水，冬瓜切块；
2. 热锅下油，放入姜葱等佐料，翻炒猪肉；
3. 放入冬瓜，加调味料收干水分，即可出锅。

☆炒莴笋☆

【原料】 猪肉，莴笋。

【制作】

1. 肉切成片后腌制半个小时，莴笋切片，焯水；
2. 热锅下油，翻炒猪肉至半熟，加入焯水后的莴笋片，炒熟即可调味食用。

晚餐

营养搭配原则　虾肉质细嫩，味道鲜美，营养丰富，且含有多种维生素及人体必需的微量元素。

☆盐水大虾☆

【原料】 新鲜大虾，生姜，食盐。

【制作】

1. 虾洗净，姜切片，烧一锅开水；
2. 放入生姜和虾，加少量食盐，煮熟即可上碟。

周五

早餐

营养搭配原则　菠菜粥有养血止血、通利肠胃的功效，常吃对身体好哦。

☆菠菜粥☆

【原料】　菠菜，大米。

【制作】

1. 大米煮成稀粥，菠菜洗净切粒；
2. 在粥煮好后，加入菠菜粒，再煮 10 分钟即可。

午餐

营养搭配原则　牛肉和卤香干咸淡相宜，营养丰富。

☆牛肉烧豆腐 ☆

【原料】　牛肉，豆腐，生姜，葱。

【制作】

1. 牛肉切片，豆腐切块；
2. 热锅下油，姜葱起锅，爆炒牛肉至半熟，加入豆腐，加入清水和调味料，焖 5 分钟即可。

☆卤香干☆

【原料】　豆腐干，卤水料，香菜，上汤。

【制作】

1. 将卤水料放入上汤中煮成卤汤；
2. 把豆腐干放入锅中煮半个小时，即可加香菜食用。

晚餐

营养搭配原则　大虾含有丰富的钙质，配合开胃、促进食欲的咖喱，能帮助儿童营养吸收。

☆咖喱虾球☆

【原料】　大虾，莲藕，咖喱酱，面包屑。

【制作】

1. 大虾洗净，做成虾仁，莲藕和虾仁一起剁碎成泥，扭成丸子状；
2. 做好的虾丸拌上面包屑，用油稍炸；

3. 热锅下油，煮开咖喱酱，倒入炸好的虾丸，不断翻炒至熟即可。

第四章 六月，夏天的味道满足孩子打蔫的食欲

六月，夏天已经在不知不觉中到来了，初夏需要我们利用水分和蔬果去调剂炎热，在这个时候，吃蔬菜沙拉是最好不过了。想一想，要是在孩子的餐桌上放上一盘色彩艳丽、五彩缤纷的蔬菜沙拉作为开胃菜，这该是多么美好的事情啊。在众多蔬果中，樱桃、草莓等作为时令水果，更是应该“大行其道”。七月和八月是暑假，孩子们难得可以好好地玩儿了，这两个月孩子的胃口会比平时好很多，需要注意的就是多吃鲜美的鱼和蔬菜来强身健体。

第一周 让美味零食“飞”

早餐

营养搭配原则　扁豆和薏米健脾利湿，还有清利解暑的功效哦。

☆扁豆薏米粥☆

【原料】　扁豆，薏米，冰糖，大米。

【制作】

1. 大米煮成稀粥；
2. 扁豆、薏米分别洗净，加入大米粥中，煮一小时，即可放入冰糖，调味食用。

午餐

营养搭配原则　白菜含有丰富的粗纤维，不但能起到润肠、促进排毒的作用，还能刺激肠胃蠕动帮助消化呢。

☆爆炒鸡丁☆

【原料】　鸡腿肉，黄瓜，胡萝卜，花生，干辣椒，蒜，葱，豆瓣酱。

【制作】

1. 用清水发泡花生，去衣后，热锅下油翻炒至焦香，装起来待用；
2. 鸡腿肉切成丁后，加入豆瓣酱等调味料腌制1小时；
3. 锅热下油，加入干辣椒和蒜，倒入鸡丁爆炒；
4. 鸡丁爆炒至入味，即可加入花生米和切好的葱段，调味即可食用。

☆爆炒白菜丝☆

【原料】　大白菜，干辣椒。

【制作】

1. 大白菜切丝，焯熟；
2. 热锅下油，爆炒干辣椒，加入白菜爆炒，入味即可。

晚餐

营养搭配原则　银鱼肉质细嫩鲜美，配合白菜做成汤羹，营养又美味。

☆银鱼白菜羹☆

【原料】　小银鱼，白菜，生姜，米酒，淀粉。

【制作】

1. 银鱼洗净，白菜切丝；
2. 锅内防水，水煮沸后放生姜、小银鱼和白菜，再放入米酒半杯煮15分钟，再将少许淀粉加冷开水勾芡后，淋于汤中，待煮到汤汁收浓，即可调味出锅。

早餐

营养搭配原则　奶油蛋糕含较高热量，有助于宝贝展开活力的一天。

☆芝士蛋糕☆

【原料】　芝士条，巧克力粉，慕司。

【制作】

1. 把芝士条切片，再把芝士放进电动打蛋器里搅拌打软，搅拌约半小时左右；
2. 加入巧克力粉和慕司，充分搅拌；
3. 把芝士糊倒进蛋糕模，放进烤炉烤半小时后取出降温；
4. 完全冷却后放进冰箱，冷却4、5小时即可。

午餐

营养搭配原则　牛肉滋养脾胃，强健筋骨，配以清香的三鲜汤，营养丰富，还很美味。

☆馅饼☆

【原料】　小麦面粉，牛肉，白菜。

【制作】

1. 牛肉剁碎成蓉，配合调味料；白菜洗净，切成细末，和牛肉剁成馅料，加入调味料；
2. 小麦面粉搅拌发酵成面团，将面团擀成饼状的小剂子；
3. 在每个小剂子中包入馅料，捏成饼状；
4. 放入油锅生煎至熟，即可。

☆三鲜汤☆

【原料】　鸡脯肉，海参，虾仁，黄瓜，高汤，香油，生姜。

【制作】

1. 鸡脯肉切片，海参切片，虾仁切片，黄瓜切片，生姜切片；
2. 鸡片用调味料腌制 2 小时；
3. 把鸡片、海参片、虾仁片放入汤碗中，淋入香油拌匀；
4. 锅内放高汤，再将全部材料放入汤中，炖 1 小时即可。

晚餐

营养搭配原则　鸡肉加核桃仁，补脑益心，营养全面助吸收。

☆核桃鸡片☆

【原料】　鸡肉，核桃仁，青椒，洋葱，胡萝卜，蛋清，淀粉。

【制作】

1. 鸡肉切片，洋葱、青椒切小块，胡萝卜切片；
2. 鸡肉和蛋清、淀粉及调味料一起拌匀；
3. 热锅下油，翻炒核桃仁后加入鸡块爆炒，拌入洋葱和胡萝卜以及调味料，炒熟炒香即可。

早餐

营养搭配原则　鸡蛋有改善记忆力、健脑益智的作用，是营养早餐优选。

☆鸡蛋夹饼☆

【原料】　面粉，鸡蛋，葱，尖椒。

【制作】

1. 醒发好的面团分成4份，擀一下然后抹上少许油，擀成薄薄的饼；
2. 锅热少许油，放入饼生坯中烙饼；
3. 两面都变色鼓起来很容易分开就基本熟了；
4. 打入一个鸡蛋，用铲子把鸡蛋抹平，撒上葱花和尖椒末，把另一个饼盖上面接着烙；
5. 稍微烙一下翻面在烙一下，等两面都黄色了，鸡蛋定型就完全可以出锅了。

午餐

营养搭配原则　炎炎夏日吃冬瓜消暑，配合补身体的母鸡汤更能帮助身体保持活力。

☆花生米炒冬瓜☆

【原料】　冬瓜，花生，木耳，虾皮，生姜。

【制作】

1. 冬瓜切块，虾皮洗净，木耳发水；
2. 生姜起锅，把花生米炒香后倒入所有材料翻炒，加入清水和调味料，闷盖煮20分钟即可。

☆老母鸡汤☆

【原料】　老母鸡，生姜。

【制作】

1. 生姜切片，老鸡切大块；
2. 锅中煮沸水，加入生姜片和老母鸡块，炖一个半小时，即可调味食用。

晚餐

营养搭配原则　肉排含有丰富的营养，配合提升食欲的话梅，能帮助营养全面吸收。

☆话梅肉排☆

【原料】　精肋排，话梅，葱，姜，食盐，砂糖。

【制作】

1. 姜葱起锅，翻炒排骨至半熟；
2. 加入泡开了的话梅，放入清水和食盐、砂糖，闷盖15分钟即可。

早餐

营养搭配原则　粗粮具有很高的膳食纤维，能够促进肠胃蠕动，帮助消化哦。

☆八宝粥☆

【原料】　大米，大豆，玉米，银耳，大枣，香菇，莲子，枸杞，蜂蜜。

【制作】

1. 用大米煮成稀粥；
2. 银耳、莲子、大豆和枸杞泡软；
3. 将全部材料放入粥中煮一个小时，根据个人口味放入蜂蜜即可食用。

午餐

营养搭配原则　香喷喷的面条搭配香浓西红柿汤，午休过后继续活力的一天。

☆青菜肉丝炒面☆

【原料】　面条，肉丝，青菜，胡萝卜，生姜，葱。

【制作】

1. 锅内放水，放入面条煮熟，捞出；
2. 姜葱起锅，爆炒肉丝、胡萝卜丝和青菜丝，再加入面条翻炒，放入调味料，翻炒至入味即可。

☆西红柿鸡蛋汤☆

【原料】　西红柿，鸡蛋，蒜。

【制作】

1. 西红柿切片，热锅下油，放入蒜片炒香，倒入西红柿炒至半熟；
2. 倒入清水，闷盖煮 15 分钟；
3. 开盖带入打散了的鸡蛋，搅拌，即可调味食用。

晚餐

营养搭配原则　意大利面的原料是硬小麦，既含丰富蛋白质，又含复合碳水化合物。配上海鲜丰富微量原色和菠菜的铁质，美味营养更全面。

☆海鲜意粉☆

【原料】　意粉，花甲，番茄，洋葱，蒜。

【制作】

1. 番茄切片，洋葱切成丝，蒜切成末，洗净花甲，清水煮熟后备用；
2. 生姜起锅，倒入番茄翻炒，加清水，倒入花甲煮 15 分钟；
3. 待汤收浓后，加入意粉和洋葱，再煮 5 分钟，即可调味食用。

早餐

营养搭配原则　粥稠鲜醇，排骨酥香。排骨含钙丰富，补充孩子成长所需的营养哦。

☆排骨粥☆

【原料】　大米，排骨。

【制作】

1. 大米煮成粥；
2. 在粥中放入排骨，用小火熬煮 1 小时，即可调味食用。

午餐

营养搭配原则　味增味道鲜美，而且营养价值高，经常食用对身体有益。

☆番茄冬瓜片☆

【原料】　番茄，冬瓜，生姜。

【制作】

1. 生姜起锅，放入冬瓜片翻炒；
2. 再把番茄放入锅中，加入清水和调味料，焖盖 10 分钟，即可调味食用。

☆味增汤☆

【原料】　海带，味增，柴鱼，豆腐。

【制作】

1. 豆腐切丁，嫩海带泡水后切丝；
2. 沸水中加入柴鱼片烧出鲜味后，去渣取汤；
3. 将豆腐放进柴鱼汤水里煮滚，加入海带，尝试汤水的咸淡度，再将味增充分溶解后加入到汤中即可。

晚餐

营养搭配原则　腐竹含有高蛋白和种类繁多的氨基酸，搭配营养冬笋，是孩子营养晚餐的完美选择。

☆冬笋腐竹☆

【原料】　腐竹，冬笋，生姜。

【制作】

1. 水发腐竹后切成丝，冬笋切丝；
2. 姜蓉起锅，爆炒冬笋至半熟，加入腐竹翻炒，放入调味料，炒熟即可。

第二周
南瓜饼里的初夏

早餐

营养搭配原则　红豆含有丰富的营养元素，有清热解毒、健脾益胃的功效。

☆红豆粥☆

【原料】　薏米，红豆。

【制作】

1. 把薏米洗净浸泡 20 分钟；
2. 把薏米和红豆放入锅中，加水用猛火煮开后，改慢火煮至薏米烂熟即可。

午餐

营养搭配原则　黄瓜腐竹配五彩豆腐，简单的午餐包含一天所需的蛋白质、氨基酸、钙及其他元素。

☆椒油黄瓜拌腐竹☆

【原料】　黄瓜，腐竹，香菜，蒜瓣，花椒，糖，生抽，香醋，鸡精。

【制作】

1. 黄瓜去皮切段，腐竹泡水切段；
2. 蒜切碎，香菜洗净切碎；
3. 在腐竹和黄瓜中加入糖、生抽、香醋、鸡精拌均匀；
4. 花椒下锅倒入水，煮成花椒水，去渣取汁；
5. 热油下锅，将蒜蓉炒香；
6. 把炸好的蒜蓉油浇在拌好的腐竹和黄瓜上，撒上香菜即可。

☆五彩豆腐☆

【原料】　番茄，豆腐，鸡蛋，香菇。

【制作】

1. 豆腐切粒，番茄切丁，香菇切丝，香菇焯水；
2. 打散鸡蛋，加入番茄丁和香菇丝；
3. 热锅下油，放入拌好的鸡蛋和豆腐丁，翻炒至熟，即可调味食用。

晚餐

营养搭配原则　通心面易于消化吸收，有改善贫血、增强免疫力、平衡营养吸收等功效。

☆自助蘸料意大利通心面☆

【原料】　通心面，黄油，牛奶，白胡椒，食盐，面粉。

【制作】

1. 将通心面用清水煮熟，捞起；
2. 制作酱料，融化黄油；放入面粉、牛奶用打蛋器搅拌；
3. 将面糊放入平口锅中煮，调入盐和白胡椒即成美味酱汁，再将通心面和酱汁搅拌即可。

早餐

营养搭配原则　糯米含有蛋白质、糖类，都是身体必不可缺的营养。

☆糯米卷☆

【原料】　糯米，春卷皮，火腿，香菇，姜。

【制作】

1. 火腿、香菇、姜切成末，放入锅中炒香；
2. 用春卷皮将糯米饭包卷起来，放入笼子中隔水蒸 15 分钟即可。

午餐

营养搭配原则　小米宜与豆类混合食用，因为小米的氨基酸中缺乏赖氨酸，而豆类的氨基酸中富含赖氨酸，两者可以互补不足。

☆蟹肉炒西芹☆

【原料】　蟹肉，西芹，生姜，葱，红辣椒，鸡汤，淀粉。

【制作】

1. 焯熟西芹段；
2. 热锅下油放入姜片、葱白段、红辣椒炒香，加入鸡汤放入西芹块煮入味后捞出；
3. 锅中加盐放入蟹肉，略烫，加湿淀粉勾芡，浇在西芹块上即可。

☆小米红豆粥☆

【原料】　红豆，小米，冰糖。

【制作】

1. 小米煮成稀粥；
2. 红豆用水泡一下，放入小米粥中煮 1 小时，即可加入冰糖食用。

晚餐

营养搭配原则　豆腐干含有多种矿物质，补充钙质，防止因缺钙引起的骨质疏松，促进骨骼发育，对孩子生长极为有利。

☆香干夹肉☆

【原料】　猪肉，豆腐干，圆白菜，卤汁。

【制作】

1. 猪肉切片，加入调味料腌半小时；
2. 将圆白菜、豆腐香干切片；
3. 将五花肉片连皮的一面朝下，一片猪五花肉、一片圆白菜叶、一片豆腐香干依次叠好，浇上腌肉的卤汁和调味料，隔水蒸 45 分钟，至肉质酥软即可。

早餐

营养搭配原则　芝麻富含铁质，配合面粉做成烧饼，有助提升营养吸收。

☆芝麻饼☆

【原料】　面粉，鸡蛋，芝麻，芝麻酱，食盐，葱。

【制作】

1. 面粉与鸡蛋搅拌成糊状，放入食盐和葱花调味；
2. 热锅下油，煎香面糊的两面；
3. 把芝麻铺在面上，卷好后涂芝麻酱，粘住面饼缝合处；
4. 将卷好的饼放回锅里，煎一二分钟，即可切段食用。

午餐

营养搭配原则　菌类富含膳食纤维，多种维生素和矿物质，海带味增汤鲜味可口，能促进食欲，帮助营养吸收。

☆鲜蘑菇炒肉☆

【原料】　鲜蘑菇，猪肉，生姜。

【制作】

1. 猪肉切片，腌 10 分钟，蘑菇、姜切片；
2. 热锅下油，倒入蘑菇，翻炒，倒入猪肉片，加入调味料即可食用。

☆味增汤☆

【原料】　海带，味增，柴鱼，豆腐。

【制作】

1. 豆腐切丁，嫩海带泡水后切丝；
2. 沸水中加入柴鱼片烧出鲜味后，去渣取汤；
3. 将豆腐放进柴鱼汤水里煮滚，加入海带，尝试汤水的咸淡度，再将味增充分溶解后加入到汤中即可。

晚餐

营养搭配原则　四种营养蔬菜切成粒状爆炒，色香味俱全，能刺激食欲，帮助消化。

☆金玉满堂☆

【原料】　青豆，黄瓜，玉米，胡萝卜。

【制作】

1. 所有材料切成粒状，焯水至熟；
2. 热锅下油，爆炒材料至熟，即可调味食用。

周四

早餐

营养搭配原则　南瓜含有丰富的胡萝卜素和维生素，有助营养吸收。

☆蝴蝶卷☆

【原料】　小麦面粉，面肥，酵母，碱液，食盐，南瓜，食用油。

【制作】

1. 将面肥放入盘内，用温水泡开，加入面粉，发酵成面团，酵面发起后，加入碱液揉匀，发松1小时；
2. 南瓜隔水蒸熟，捣烂成泥；
3. 南瓜蓉放置碗内，加入食盐、食用油搅拌，和面团搅拌；
4. 面团擀成条状，扭成蝴蝶结状，放入蒸笼中蒸15分钟即可。

午餐

营养搭配原则　红烧肉含脂肪较高，配合紫菜汤既解腻又好吃。

☆红烧肉烩菜☆

【原料】　五花肉，豆角，红糖。

【制作】

1. 将肉切块，焯水至熟，豆角切段；
2. 热锅下油，加入红糖，炒肉至半熟，加入清水，闷盖煮15分钟；
3. 加入豆角，调味，再闷盖煮10分钟，即可。

☆紫菜蛋花汤☆

【原料】　紫菜，虾皮，鸡蛋，料酒。

【制作】

1. 将紫菜洗净，用水泡开；
2. 鸡蛋打散搅匀成蛋液；
3. 虾皮洗净，加料酒浸泡5分钟；
4. 热锅下油，放入清水，加入紫菜和虾皮，闷盖煮20分钟；
5. 待紫菜烂熟之后，倒入蛋浆，即可调味食用。

晚餐

营养搭配原则　荠菜含有丰富的微量元素，豆腐则是富含蛋白质的豆制品，荠菜与豆腐配合，使这道菜营养相得益彰。

☆煎荠菜豆腐圆饼☆

【原料】　荠菜，豆腐。

【制作】

1. 荠菜切碎焯水后与豆腐一起捣烂成泥，加入调味料；

2. 拌好的豆腐菜泥，用手拍成圆饼；
3. 热锅下油，将圆饼放入锅中香煎至熟，两面变金黄即可。

早餐

营养搭配原则　南瓜低糖低脂肪，富含膳食纤维，能够提升宝贝的消化能力。

☆南瓜饼☆

【原料】　南瓜，面粉，砂糖，酵母。

【制作】

1. 南瓜切块隔水蒸熟后捣烂成泥，拌入砂糖；
2. 面粉用清水加酵母搅拌成面团，发酵半个小时；
3. 将南瓜泥用油调稀，拌入面粉中，搅拌均匀；
4. 将面团擀开，制成饼状；
5. 将饼团放入笼子中，隔水蒸熟，即可食用。

午餐

营养搭配原则　炸鸡米和西红柿炒青椒，色泽鲜明，香嫩爽口，而且还含有丰富营养元素。

☆炸鸡米☆

【原料】　鸡胸肉，蒜泥，胡椒粉，鸡蛋，生粉，面包糠。

【制作】

1. 鸡胸肉切丁，用调味料腌制；
2. 腌制好的鸡丁用水洗净，拍一层生粉后蘸上蛋黄，再蘸一层面包糠；
3. 烧油锅，放入鸡丁炸至表面酥脆金黄即可。

☆西红柿炒青椒☆

【原料】　西红柿，青椒，生姜。

【制作】

1. 西红柿切块，青椒切丝；
2. 生姜起锅，爆炒西红柿至半熟后，加入青椒翻炒至熟，即可调味食用。

晚餐

营养搭配原则　核桃中的磷脂，对脑神经有良好保健作用，配合鸡胸肉，特别适合发育中孩子食用。

☆糖醋月亮饺☆

【原料】　鸡胸肉，核桃肉，西兰花，蛋清，饺子皮。

【制作】

1. 鸡胸肉剁成茸，拌入鸡蛋清，加入调味料；
2. 核桃肉捣碎，西兰花切粒和核桃肉搅拌均匀，加入蛋清，加入调味料；
3. 分别将鸡肉馅料和核桃、西兰花馅料包入饺子皮中；
4. 将饺子隔水蒸 20 分钟，即可食用。

第三周 宝贝爱上新鲜蔬菜

早餐

营养搭配原则　灌汤包是中国的传统食品，味道鲜美，富含不饱和脂肪酸。

☆灌汤包☆

【原料】　面粉，五花肉，高汤，蟹肉。

【制作】

1. 面粉加水和匀成面团，静置发酵；
2. 猪肉剁茸，蟹肉剁碎，将二者放入锅中香煎至熟，加入高汤；
3. 将面团搓成长条，制成面坯，加馅捏成包子，上火蒸 15 分钟即可。

午餐

营养搭配原则　豆腐搭配营养丰富的蛋炒饭，健康又不油腻。

☆双色蛋炒饭☆

【原料】　米饭，鸡蛋，小葱，胡萝卜。

【制作】

1. 胡萝卜切粒，焯水至熟，小葱切粒；
2. 米饭下锅炒香，放入鸡蛋不断翻炒；
3. 加入胡萝卜和小葱，炒熟，调味即可。

☆红烧虾米豆腐☆

【原料】　豆腐，虾米，生姜，葱。

【制作】

1. 豆腐切丁，虾米泡软上水蒸熟；
2. 热锅下油，姜葱起锅，倒入豆腐、虾米、清水和调味料，煮 20 分钟即可。

晚餐

营养搭配原则　豌豆中富含各种营养物质，尤其是含有优质蛋白质，可提高抗病能力。

☆豌豆枸杞子玉米羹

【原料】　玉米粒，豌豆，枸杞。

【制作】

1. 将玉米粒、豌豆和枸杞放入搅拌机中搅烂；
2. 将搅拌好的糊状放入锅中，煮熟，即可调味。

早餐

营养搭配原则　韭菜含铁和绿叶素，鸡蛋是补充蛋白的，是非常有益健康的搭配哦。

☆韭菜水饺☆

【原料】　韭菜，鸡蛋，饺子皮。

【制作】

1. 鸡蛋炒熟切粒，韭菜切粒；
2. 将上述材料放入盘子中搅拌，打入鸡蛋，加入调味料；
3. 摊开饺子皮放入肉馅，包成饺子，上锅蒸熟即可。

午餐

营养搭配原则　西葫芦含有所需的维生素和热量，配上营养价值高的鸡汤，美味不油腻。

☆西葫芦炒肉片☆

【原料】　西葫芦，瘦肉，生姜，蒜，淀粉。

【制作】

1. 西葫芦切粗丝、瘦肉剁蓉；生姜、大蒜切碎；
2. 西葫芦丝中加入少许淀粉拌匀；
3. 热锅下油，将姜葱和肉末爆炒 5 分钟，然后加入西葫芦丝，翻炒至熟，即可调味食用。

☆鸡汤☆

【原料】　三黄鸡，葱段，姜片。

【制作】

1. 鸡洗净剁成大块，葱姜切片；
2. 热锅下油，爆炒生姜片，加入鸡块翻炒至半熟；
3. 加入清水和调味料，炖 1 小时即可食用。

晚餐

营养搭配原则　鸡蛋富含维生素 A、维生素 D、维生素 B2 及铁，还含有人体必需组氨酸、卵磷脂、脑磷脂，它们都是对大脑和神经发育不可缺少的营养元素。

☆杂锦蛋丝☆

【原料】　鸡蛋，青椒，胡萝卜。

【制作】

1. 鸡蛋打散，用锅煎成蛋皮，再切成丝；
2. 青椒和胡萝卜切丝，热锅下油，将胡萝卜和青椒炒香后，加入鸡蛋丝，翻炒调味即可。

早餐

营养搭配原则　清淡的菜心粥拉开全新的一天，有助肠胃消化排毒哦。

☆菜心粥☆

【原料】　大米，菜心，芝麻油。

【制作】

1. 大米洗干净，放入砂锅，加入水，水里加入少许芝麻油，可以让米煮得更开更烂；
2. 大火煮开后转小火，煮 30 分钟；
3. 菜心洗干净，切碎，备用；
4. 等白粥煮得黏稠后，放入菜心。中火煮 10 分钟就好。

午餐

营养搭配原则　腰果含丰富蛋白质，其氨基酸的种类与谷物中氨基酸的种类互补。

☆腰果虾仁☆

【原料】　虾仁，腰果仁，鸡蛋，生姜，蒜。

【制作】

1. 中虾去壳，洗净；鸡蛋打散后，拌入虾仁；
2. 热锅下油，放入腰果炒至金黄色，捞起沥干油分待用；
3. 热锅下油，放入姜蒜，放入虾仁鸡蛋，翻炒；
4. 待虾仁半熟，倒入腰果爆炒，即可调味食用。

☆蒜蓉油麦菜☆

【原料】　油麦菜，蒜。

【制作】

1. 油麦菜洗净，切丝，蒜瓣剁碎成蒜蓉；
2. 热锅下油，放入蒜蓉爆香；
3. 加入油麦菜似翻炒至软，加入适当调味料即可。

晚餐

营养搭配原则　牡蛎肉含有丰富的蛋白质、糖类、脂类及钙、磷等无机盐和多种矿物质，是一味简单可行的助长高汤剂。

☆牡蛎肉汤☆

【原料】　牡蛎肉，生姜。

【制作】

1. 牡蛎洗净，生姜切丝；
2. 将牡蛎肉放入锅内，加上生姜丝和清水，煮 1 小时即可调味。

早餐

营养搭配原则　红薯有促进肠道蠕动帮助消化的作用，清晨食用再好不过了。

☆红薯粳米粥☆

【原料】　红薯，粳米，红枣，冰糖。

【制作】

1. 红薯洗净切块，红枣稍微拍松；
2. 锅中烧开沸水，加入洗净的粳米，闷盖煮1小时，煮成稀粥；
3. 加入红薯，再煮半个小时；
4. 待红薯熟透，粳米烂熟后加入红枣和冰糖，即可食用。

午餐

营养搭配原则　卷心菜配合补镁补钙的紫菜虾皮汤，能清肠胃，增强营养的吸收。

☆番茄炒卷心菜☆

【原料】番茄，卷心菜，蒜，醋。

【制作】

1. 番茄切丁，卷心菜切成细丝；
2. 热锅下油，翻炒蒜蓉至散发香味，加入番茄丁煸炒至糊状；
3. 此时加入卷心菜丝翻炒几分钟，待卷心菜软熟，即可加入调味，淋上香醋，翻炒起锅。

☆紫菜虾皮汤☆

【原料】　紫菜，虾皮，鸡蛋，料酒。

【制作】

1. 将紫菜洗净，用水泡开；
2. 鸡蛋打散搅匀成蛋液；
3. 虾皮洗净，加料酒浸泡 5 分钟；
4. 热锅下油，放入清水，加入紫菜和虾皮，闷盖煮 20 分钟；
5. 待紫菜烂熟之后，倒入蛋浆，即可调味食用。

晚餐

营养搭配原则　虾仁富含各种营养元素，多吃对孩子身体好哦。

☆蛋虾仁炒河粉☆

【原料】　河粉，虾仁，鸡蛋，高汤。

【制作】

1. 虾仁洗净，和鸡蛋下锅炒成虾仁炒蛋；
2. 河粉用高汤煮熟，加调味料，最后加入虾仁炒蛋煮开即可。

早餐

营养搭配原则　蛋挞美味可口，能补充夏天孩子消耗过多的体力。

☆蛋挞☆

【原料】　蛋挞皮，低筋面粉，淡奶油，牛奶，蛋黄，糖。

【制作】

1. 将淡奶油、牛奶、糖搅拌均匀，加热至糖完全融化，放凉后加入蛋黄；
2. 加入低筋粉，搅拌均匀，蛋挞液完成；
3. 把弄好的蛋挞液倒入蛋挞皮内至七分满；
4. 装入烤盘，放入预热好的烤箱中。烤箱210度烤25分钟。

午餐

营养搭配原则　西红柿配茄子能去油腻，能中和酸性，二者营养结合，相得益彰。

☆软炸虾仁☆

【原料】　虾仁，蛋清，面粉。

【制作】

1. 虾仁洗净，泡入蛋清中，加入面粉和调味料；
2. 下锅油炸，慢火，将虾球炸至酸软脆口即可。

☆西红柿炒茄丁☆

【原料】　西红柿，茄子，生姜。

【制作】

1. 西红柿切块，茄子切丁；
2. 热锅下油，生姜起锅，放入番茄翻炒至半熟，加入茄子丁炒熟，即可调味。

晚餐

营养搭配原则　鸡肝含丰富的蛋白质、钙、磷以及多种维生素，对孩子骨骼的生长发育甚为有利。

☆鸡肝猪腿黄芪汤☆

【原料】　新鲜鸡肝，猪腿骨，黄芪，五味子。

【制作】

1. 将鸡肝切成片备用；
2. 将猪腿骨打成碎片与黄芪、五味子一起放进砂锅内，加清水，先用大火煮沸后，改为文火煮1小时，再滤去骨渣和药渣；
3. 将鸡肝片放进已煮好的猪骨汤内煮熟，按口味加调料，待温后吃鸡肝喝汤。

第四周
酸酸甜甜的排骨

早餐

营养搭配原则　美味餐蛋面，含丰富的肉类蛋白和能量，孩子们都喜欢吃。

☆餐蛋面☆

【原料】　午餐肉，鸡蛋，面条，高汤。

【制作】

1. 热锅下油，用高汤调味，煮好面条；
2. 煎一个荷包蛋，将午餐肉切片，煎香，放在面条上即可。

午餐

营养搭配原则　菜花富含蛋白质、脂肪、碳水化合物、食物纤维、维生素及矿物质，食用后很容易消化吸收。

☆红烧牛肉☆

【原料】　牛肉，豆瓣酱，葱，生姜，酱油，胡椒粉，料酒，味精，八角，糖。

【制作】

1. 牛肉切块，先用热水氽烫一下沥干水分待用；
2. 油烧热后将葱、姜爆香，再加入辣豆瓣酱炒红，然后放入牛肉块翻炒并加入酱油、糖、胡椒粉、料酒、味精及八角，最后加水浸过牛肉，用小火慢慢煮至汁稠、肉酥香即可。

☆炒花菜☆

【原料】　花菜，蒜。

【制作】

1. 花菜切块，蒜头剁成蓉；
2. 蒜蓉起锅，放入花菜翻炒至半熟，加清水，闷盖煮 15 分钟即可。

晚餐

营养搭配原则　猪肝中含有丰富的铁质和维生素 A，具有维持正常生长的作用；能保护眼睛，维持正常视力，防止眼睛干涩、疲劳。

☆猪肝鸡蛋☆

【原料】　猪肝，鸡蛋。

【制作】

1. 猪肝切片腌制 10 分钟；
2. 将蛋炒熟，后放入猪肝，翻炒，即可调味。

早餐

营养搭配原则　大骨棒营养丰富，搭配富含带氨酸、谷氨酸的海带，让宝贝身体健康。

☆海带骨头汤☆

【原料】　大棒骨，生姜，海带，食盐。

【制作】

1. 锅中放清水，放入棒骨和姜片，中火煮30分钟；
2. 海带切块，加入汤中，熬一小时，即可加入盐调味食用。

午餐

营养搭配原则　冬瓜和青瓜能清热生津，僻暑除烦，在夏日服食尤为适宜。

☆冬瓜烧鸡☆

【原料】　冬瓜，鸡腿，青红椒，生姜。

【制作】

1. 冬瓜切片，鸡腿剁块，生姜切丝；
2. 姜丝起锅，冬瓜翻炒，倒入鸡块翻炒上色放入青红椒，倒入清水，翻炒15分钟；
3. 加入调味料，即可使用。

☆青瓜炒蛋☆

【原料】　青瓜，鸡蛋，蒜。

【制作】

1. 青瓜切片，鸡蛋打散，蒜捣成蒜蓉；
2. 热锅下油，翻炒蒜蓉后加入青瓜翻炒，青瓜炒熟后加入鸡蛋液，即可调味。

晚餐

营养搭配原则　香香的炒米饭配上饭后水果，轻松晚餐，为营养护航。

☆香香炒米饭☆

【原料】　米饭，土豆，黄瓜，鸡蛋，食盐。

【制作】

1. 土豆、黄瓜切成丁；
2. 将米饭炒香，放入鸡蛋翻炒；
3. 放入土豆丁和黄瓜粒，不断翻炒，至熟，放入食盐即可。

早餐

营养搭配原则　红枣补血又补气，配合高热量高营养的松仁，有助孩子身体成长。

☆松仁枣糕☆

【原料】　干红枣，麦芽糖浆，松仁，盐。

【制作】

1. 红枣去核，取肉切粒；
2. 锅中加入凉水，放入麦芽糖浆和盐，大火煮滚后放入切好的红枣碎粒，一边煮一边用勺子将红枣碾碎成红枣泥；
3. 待枣泥完成，汤汁收干后，即可关火；
4. 取出红枣泥盛好，放凉待用；
5. 将一勺羹的红枣泥放入保鲜纸中，保鲜纸拧紧包好，为枣泥定型；
6. 完成后，将包好的枣泥放入冰箱中冷却定型，而后撕开保鲜纸，在定型好的枣泥上撒上几颗松仁即可。

午餐

营养搭配原则　牛肉蛋白质含量高，脂肪含量低，补脾胃，强筋骨。

☆牛肉粉丝煲☆

【原料】　卤牛肉，粉丝，生姜。

【制作】

1. 牛肉切片，粉丝泡水，生姜切片；
2. 姜片起锅，翻炒牛肉，加清水，放粉丝，焖 20 分钟。

☆卤肉面☆

【原料】　鸡蛋面，青菜，卤肉，料酒，盐。

【制作】

1. 放入清水至锅中煮沸，放入面条，煮透后捞出；
2. 再次烧锅煮水，加入青菜、面条；
3. 倒入少许料酒以及盐，继续煮开；
4. 待青菜和面条熟后,捞出铺上卤肉即可食用。

晚餐

营养搭配原则　排骨营养丰富，配合酸酸甜甜的口味能促进食欲，又能帮助营养吸收。

☆酸甜排骨☆

【原料】　肋排,葱,生姜,蒜,淀粉,白糖,醋。

【制作】

1. 排骨剁段，姜、蒜切片，香葱切末；
2. 热锅下油，待食油烧至五成热时，放入排骨炸至表面金黄色，即可捞起沥干；
3. 将锅中的油倒出来,利用锅面残留的油分,加入姜片、蒜片炒香，倒入排骨翻炒；
4. 倒入刚没过排骨的温水，大火烧开，改小火煮半个小时；
5. 待排骨入味酥软之后，加入糖、醋、香葱等，用淀粉勾芡收汁即可食用。

早餐

营养搭配原则 鸡蛋营养丰富，搭配高热量的沙拉酱，让孩子精力充沛。

☆鸡蛋沙拉☆

【原料】 鸡蛋，沙拉酱，西兰花。

【制作】

1. 将鸡蛋煮熟后，蛋白切粒，蛋黄用勺子压碎；
2. 西兰花切丁，开水烫熟；
3. 鸡蛋和西兰花放到盘子上，加入沙拉酱拌匀即可食用。

午餐

营养搭配原则 豆芽配红烧排骨，同时补充豆类蛋白和动物蛋白，更有丰富的氨基酸。

☆红烧排骨☆

【原料】 猪肋排（或猪小排），生姜，葱，酱油，食盐，白糖。

【制作】

1. 热锅下油，放入姜葱炒香，放入排骨爆炒；
2. 待排骨七成熟，表面出现金黄色之后，加入酱油、食盐和糖，加入少量清水，闷盖煮20分钟左右；
3. 待排骨熟透入味之后，加入葱段，即可熄火上碟。

☆豆芽炒牛肉☆

【原料】 豆芽，牛肉，韭菜，生姜，盐。

【制作】

1. 豆芽洗净，韭菜洗净，切成段；
2. 牛肉切片，锅里下油，爆炒姜丝，放入牛肉炒至半熟；
3. 加入豆芽、韭菜炒匀，加入盐炒匀。

晚餐

营养搭配原则 鱼腩营养丰富易消化，配合鸡蛋做成蛋饼，既香嫩又色泽红亮，尤能大大提起孩子的食欲。

☆鱼味蛋饼☆

【原料】 鱼腩，鸡蛋。

【制作】

1. 鱼腩隔水蒸熟，去骨取肉成鱼蓉；
2. 将鱼蓉和鸡蛋搅拌，加入调味料，香煎至熟即可。

早餐

营养搭配原则　早餐吃面食对孩子身体好，配合营养丰富的芝麻酱，味道香喷喷。

☆麻酱花卷☆

【原料】　面粉，面肥，芝麻酱，花生油、精盐、碱液。

【制作】

1. 将面肥放入盘内，用温水泡开，加入面粉发酵成面团，加入碱液揉匀，发1小时；
2. 芝麻酱放置碗内，加入花生油、精盐搅拌；
3. 面团擀成条状，抹上芝麻酱，扭成卷状，放入蒸笼中蒸15分钟即可。

午餐

营养搭配原则　牛肉稍燥热，搭配清热消暑的炒三丝，帮助消化，促进营养吸收。

☆牛肉粉丝煲☆

【原料】　卤牛肉，粉丝，生姜。

【制作】

1. 牛肉切片，粉丝泡水；
2. 姜片起锅，翻炒牛肉，加清水，放粉丝，焖20分钟。

☆炒三丝☆

【原料】　胡萝卜，大白菜，瘦肉。

【制作】

1. 大白菜和胡萝卜、瘦肉切丝；
2. 瘦肉丝用调味料腌制半个小时；
3. 热锅下油，爆炒瘦肉丝至半熟，然后加入胡萝卜丝和白菜丝，炒熟即可调味食用。

晚餐

营养搭配原则　海鲜含有丰富的蛋白质、脂肪，钙质尤其丰富，是一味为宝贝补钙的营养粥。

☆花生海鲜米仁粥☆

【原料】　花生仁，目鱼，虾仁，米仁。

【制作】

1. 花生仁和虾仁剁碎；
2. 目鱼洗净，将花生仁、虾仁蓉和米仁放于锅中，加清水，煮1小时即可调味食用。

第五章

到了九月，已经时值初秋了，这时候出产的鱼类、肉类以及蔬果质量都比较好，正如我们谚语所讲的“春华秋实”，九月收获的花椰菜、黄瓜、鱿鱼、鲱鱼和青虾都是特别鲜美可口的。在九月为孩子准备菜谱，我们可以多做青虾炒蛋、黄瓜炒鱿鱼等新鲜可口不油腻的菜式。

第一周
早餐“蝴蝶翩翩”

早餐

营养搭配原则　南瓜营养成分丰富，做成蝴蝶状更能促进孩子的食欲。

☆蝴蝶卷☆

【原料】　面肥，小麦面粉，酵母，碱液，南瓜，食盐，食用油。

【制作】

1. 将面肥放入盘内，用温水泡开，加入面粉发酵成面团，酵面发起后，加入碱液揉匀，发松 1 小时；
2. 南瓜隔水蒸熟，捣烂成泥；
3. 南瓜蓉放置碗内，加入食盐、食用油搅拌，和面团搅拌；
4. 面团擀成条状，扭成蝴蝶结状，放入蒸笼中蒸 15 分钟即可。

午餐

营养搭配原则　豆泡是有营养的豆类制品，低胆固醇，低钠，低饱和脂肪酸，且富含维生素 E、磷、钾、铁和蛋白质。

☆豆泡烧肉☆

【原料】　豆泡，五花肉。

【制作】

1. 热锅放入五花肉，爆烧出油；
2. 放入豆泡，翻炒加入调味料；
3. 加入清水，闷盖煮 30 分钟。

☆鲜蔬炒肉☆

【原料】　猪肉，胡萝卜，绿豆芽，木耳，葱，姜。

【制作】

1. 猪肉切片，腌制 10 分钟；
2. 胡萝卜切丝，木耳泡开切片；
3. 生姜起锅，将全部材料爆炒。

晚餐

营养搭配原则　胡萝卜小米粥益脾开胃，补虚明目，对宝贝的成长非常有好处。

☆胡萝卜小米羹☆

【原料】　胡萝卜，小米。

【制作】

1. 胡萝卜洗净切丝，小米淘干净；
2. 材料放进锅内同煮至烂熟即可。

早餐

营养搭配原则　红米能补血补气，让孩子活力无限。

☆红米粥☆

【原料】　红米，大米，冰糖。

【制作】

1. 大米、红米分别洗干净，放入锅中煮成粥，煮 1 小时；
2. 按照个人口味加入冰糖，即可食用。

午餐

营养搭配原则　开胃提神酸菜搭配营养粉条和猪肉，让宝贝爱上吃饭。

☆猪肉炖粉条☆

【原料】　五花肉，粉条，酸菜。

【制作】

1. 猪肉切片，下锅煮香，加清水煮 15 分钟；
2. 加入粉条、酸菜、调味料，闷盖煮20 分钟，待粉条入味即可。

☆面筋汤☆

【原料】　面粉，黄豆，鸡蛋。

【制作】

1. 面粉调制成水调面团，静止放置，待面团中的淀粉、麸皮等成分分离出去后成为面筋；
2. 烧沸水，加黄豆，打散鸡蛋花，倒入面筋煮成糊状，至熟，即可调味食用。

晚餐

营养搭配原则　木耳含有多种营养物质，搭配黄花促进血液循环，帮助消化。

☆西红柿木耳黄花☆

【原料】　西红柿，木耳，黄花。

【制作】

1. 木耳和黄花泡开，西红柿切成小块；
2. 热锅下油，木耳和黄花放进去翻炒；
3. 放入清水，加入西红柿煮熟，即可调味。

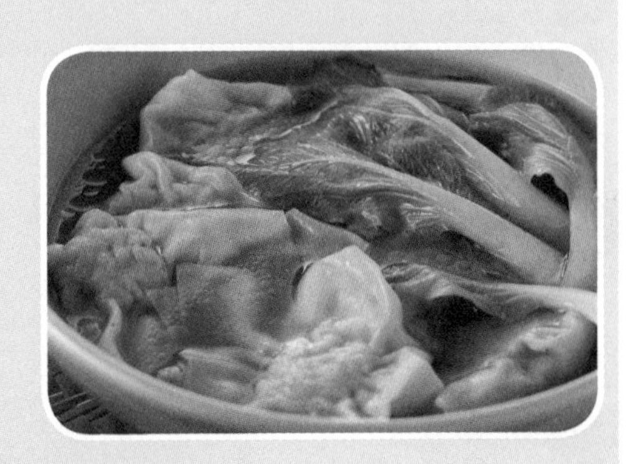

早餐

营养搭配原则　肉包营养丰富，并且孩子们都很喜欢吃。

☆美味肉包☆

【原料】　面粉，猪肉，葱，鸡蛋。

【制作】

1. 猪肉切丁，加入葱花、鸡蛋和调味料，搅拌均匀成馅；
2. 面粉发酵成面团，揪成剂子，包入肉丁馅，隔水蒸 15 分钟。

午餐

营养搭配原则　营养鸡肉搭配桂圆，营养均衡不是问题。

☆宫保鸡丁☆

【原料】　鸡肉，黄瓜，胡萝卜，花生，豆瓣酱，干辣椒，蒜，葱。

【制作】

1. 用清水发泡花生，去衣后，热锅下油翻炒至焦香，装起来待用；
2. 鸡肉切成丁后，加入豆瓣酱等调味料腌制 1 小时；
3. 锅热下油，加入干辣椒和蒜，倒入鸡丁爆炒；
4. 鸡丁爆炒至入味，即可加入花生米和葱段，调味即可食用。

☆桂圆姜汁粥☆

【原料】　大米，桂圆，生姜。

【制作】

1. 姜去皮磨成姜汁备用；
2. 大米煮粥，加入姜汁，加入桂圆，煮 1 小时即可调味。

晚餐

营养搭配原则　海带含有丰富的碘，胡萝卜含有丰富的维生素，土豆里的淀粉质也是孩子成长必不可少的营养。

☆拌三丝☆

【原料】　海带，胡萝卜，土豆，麻油，蒜蓉，食盐，砂糖，食醋。

【制作】

1. 海带泡软后切丝，土豆切丝，胡萝卜切丝；
2. 锅中放入清水煮沸后加入三丝，焯水 5 分钟，将三丝捞起，沥干；
3. 在三丝中放入的麻油、蒜蓉、食盐、砂糖和食醋，搅拌均匀，即可食用。

早餐

营养搭配原则　河粉提供淀粉质，瘦肉里的氨基酸和含氮物质能使汤味鲜美，增进孩子的食欲。

☆瘦肉河粉☆

【原料】　河粉，瘦肉丝，生菜，盐，油，料酒，生抽。

【制作】

1. 肉丝、盐、油、料酒、生抽拌好备用；
2. 生菜洗净备用；
3. 锅中煮开水倒入拌好的肉丝煮至熟，倒入生菜、河粉煮至滚开，调味即可。

午餐

营养搭配原则　鹌鹑蛋被人称为“动物人参”，含有丰富的蛋白质，所含的钙、铁、铜等元素及维生素A、维生素B、维生素E等都比鸡、鱼、牛、羊肉含量高。

☆牛肉炖鹌鹑蛋☆

【原料】　牛肉，鹌鹑蛋。

【制作】

1. 牛肉切片，下锅爆香；
2. 加入清水，放入去壳已煮熟的鹌鹑蛋，焖30分钟即可调味。

☆糖醋藕片☆

【原料】　莲藕，白糖，醋。

【制作】

1. 藕洗净，切片，热水焯熟；
2. 热锅，倒入藕片翻炒；
3. 加糖、醋，继续翻炒至熟即可。

晚餐

营养搭配原则　木耳含有极其丰富的营养，配合胡萝卜素丰富的胡萝卜和有助消化的绿豆芽，能促进消化，增强体力。

☆地三鲜炒肉☆

【原料】　猪肉，胡萝卜，绿豆芽，木耳，生姜。

【制作】

1. 猪肉切片，腌制10分钟；
2. 胡萝卜切丝，木耳泡开切片；
3. 生姜起锅，将猪肉、胡萝卜、绿豆芽、木耳爆炒，即可。

早餐

营养搭配原则　红红绿绿的炒面是小朋友的最爱，健康美味轻松实现。

☆三丝炒面☆

【原料】 面条，鸡蛋，胡萝卜丝，火腿肉丝，豆芽。

【制作】

1. 水开以后煮面条，6 分钟左右就可以捞了；
2. 起油锅，先下胡萝卜丝、火腿肉丝、豆芽炒香，调入所有的调料煮开后加入面条拌炒均匀即可；
3. 将鸡蛋煎成荷包蛋；
4. 最后加入荷包蛋装盘上桌。

午餐

营养搭配原则　金针菇中含锌量比较高，有促进孩子智力发育的作用，莴笋含有非常丰富的氟元素，对牙齿和骨骼的生长很有帮助。

☆凉拌素三丝☆

【原料】 莴笋，金针菇，胡萝卜，蒜，香油。

【制作】

1. 莴笋和胡萝卜切丝，和金针菇一起焯熟；
2. 热锅下油，炒香蒜蓉，加香油和调味料，淋在三丝上搅拌即可。

☆丝瓜汤☆

【原料】 丝瓜，鸡蛋，食盐。

【制作】

1. 丝瓜切成菱形块，鸡蛋打散放盐；
2. 倒入蛋液，摊成鸡蛋饼；
3. 锅煮沸水，加入丝瓜炒至发软；
4. 放入蛋块，闷盖煮 5 分钟，调味即可。

晚餐

营养搭配原则　黄瓜含有丰富的 B 族维生素，对改善大脑和神系统功能有利，晚餐吃黄瓜能安神定志，帮助睡眠。

☆黄瓜蛋花汤☆

【原料】 小黄瓜，鸡蛋，高汤。

【制作】

1. 小黄瓜切片；
2. 将高汤煮开后，放入小黄瓜片煮 1 分钟，再倒入鸡蛋液与调味料即可。

第二周
糊里糊涂的花生糊糊

早餐

营养搭配原则　绿豆、黑豆熬粥，可对减轻孩子的消化不良有很大帮助。

☆双色粥☆

【原料】　绿豆，黑豆，大米，白糖。

【制作】

1. 将绿豆、黑豆、大米淘洗干净备用；
2. 锅内倒水，烧开，放入绿豆、黑豆、大米煮成粥，待粥成后加入白糖调味即可。

午餐

营养搭配原则　西红柿炒蛋是最受孩子欢迎的菜式之一，四季皆宜，营养无敌。

☆西红柿炒鸡蛋☆

【原料】西红柿，鸡蛋，蒜。

【制作】

1. 西红柿切件，鸡蛋打散；
2. 热锅下油，翻炒蒜蓉后加入西红柿翻炒，西红柿炒熟后加入鸡蛋液，即可调味。

☆韭菜炒千张☆

【原料】　千张，韭菜，姜，蒜。

【制作】

1. 千张切条，韭菜切段；
2. 姜蒜起锅，爆炒韭菜和千张至熟，即可调味。

晚餐

营养搭配原则　海带和肉丝营养丰富，菜花有助提升孩子的免疫力。

☆肉丝炒海带☆

【原料】　瘦肉，海带，蒜。

【制作】

1. 瘦肉切丝，用调味料腌制 10 分钟；
2. 海带发水切丝；
3. 蒜蓉起锅，爆炒肉丝，然后加入海带丝翻炒至熟，即可调味。

☆菜花炒肉☆

【原料】　猪肉，菜花，生姜。

【制作】

1. 猪肉切片，腌制 10 分钟，菜花切块；
2. 生姜起锅，爆炒猪肉，加入菜花翻炒，加清水煮熟，即可调味。

早餐

营养搭配原则　银耳能清心去燥，配合莲子和枸杞、红枣能加强营养吸收哦。

☆银耳莲子百合粥☆

【原料】　银耳，莲子，百合，枸杞，红枣，冰糖。

【制作】

1. 银耳、莲子和百合提前用清水泡发；
2. 开水煮莲子和银耳起码半个小时；
3. 待银耳莲子均熟烂后，加入百合片，再煮20分钟；
4. 煮至银耳熟烂浓稠，加入枸杞、红枣、冰糖，再慢火炖10分钟即可。

午餐

营养搭配原则　西葫芦含有一种干扰素的诱生剂，可刺激身体产生干扰素，提高免疫力，发挥抗病毒和肿瘤的作用，搭配胡萝卜丰富的维生素A，为儿童健康保驾护航。

☆香煎黄鱼☆

【原料】　黄鱼，金华火腿，竹笋，香菇，蒜，生姜。

【制作】

1. 大蒜去皮，竹笋去壳，香菇泡软，火腿切片，姜切丝；
2. 生姜起锅，放入黄鱼香煎至半熟，放入火腿丝、竹笋和香菇，加清水，闷盖煮10分钟，即可调味。

☆西葫芦炒肉片☆

【原料】　西葫芦，猪肉，花生油，生姜，葱，料酒，酱油。

【制作】

1. 西葫芦去皮瓤，切片；
2. 猪肉切薄片，放碗内腌制；
3. 炒勺置中火，加花生油烧于五成热时，放入西葫芦稍炸；
4. 热锅下油，至七成热加入葱姜，放入肉片、料酒、酱油稍炒，再加清汤及西葫芦片翻炒即可。

晚餐

营养搭配原则　胡萝卜营养丰富，能保证维生素和其他营养元素的摄入。

☆醋熘胡萝卜丝☆

【原料】　胡萝卜，醋，白糖。

【制作】

1. 胡萝卜切丝，热水焯熟；
2. 热锅，倒入萝卜丝翻炒；
3. 加糖、醋，继续翻炒至熟即可。

早餐

营养搭配原则　花生富含锌，具有促进儿童的脑部发育、激活脑细胞、增强记忆力的功效。

☆花生糊☆

【原料】　花生，糯米，白糖。

【制作】

1. 花生泡水后用搅拌机捣烂成糊状；
2. 糯米煮粥，加入花生糊，煮 30 分钟即可放糖。

午餐

营养搭配原则　秋意渐浓，多吃豆类及豆制品，补充蛋白质能增强免疫力，预防感冒。

☆黄豆卤鸡蛋☆

【原料】　五香料，鸡蛋，黄豆，香料。

【制作】

1. 黄豆提前一晚泡开；
2. 鸡蛋煮熟，去壳，用牙签在鸡蛋两头各刺一个小孔；
3. 将香料、黄豆和鸡蛋放入锅中，放入清水，大火煮沸 10 分钟；
4. 关火静放 5 小时后可食用。

☆花菜黄豆粥☆

【原料】　花菜，黄豆，大米。

【制作】

1. 花菜切粒、大米和黄豆洗净备用；
2. 黄豆先用水发泡；
3. 温油锅，倒入黄豆，慢火翻炒至熟；
4. 大米煮成稠粥后放入黄豆和花菜，即可调味食用。

晚餐

营养搭配原则　经常食用红豆可以清热解毒、健脾益胃。

☆大米红豆粥☆

【原料】　大米，红豆。

【制作】

1. 把大米洗净，将红豆泡 1 小时；
2. 把红豆放入锅中，加水用猛火煮开，再放入大米，改慢火煮至大米烂熟即可。

周四

早餐

营养搭配原则　猪肉、鸡肉、虾仁营养丰富，补充孩子成长期所需的各种营养元素。

☆三鲜小笼包☆

【原料】　猪肉，鸡肉，虾仁，面粉，生姜。

【制作】

1. 面粉提前发酵成面团；
2. 将鸡肉、虾仁和姜末猪、肉末剁碎，加入调味料成馅料；
3. 擀面皮，将馅料放入面团中，包成小笼包形状，隔水蒸 20 分钟即可。

午餐

营养搭配原则　两款菜式均含有丰富的维生素、矿物质。

☆清炒荷兰豆☆

【原料】　荷兰豆，葱，生姜，蒜。

【制作】

1. 姜蒜切片，葱切段；
2. 荷兰豆洗净，去蒂，用沸水将荷兰豆焯熟；
3. 热锅下油，放入姜、葱、蒜，炒出香味；
4. 放入已经焯熟的荷兰豆，加入食盐调味即可。

☆五彩豆腐☆

【原料】　番茄，豆腐，鸡蛋，香菇。

【制作】

1. 豆腐切粒，番茄切丁，香菇焯水，切丝；
2. 打散鸡蛋，加入番茄丁和香菇丝；
3. 热锅下油，放入拌好的鸡蛋和豆腐丁，翻炒至熟，即可调味食用。

晚餐

营养搭配原则　肉饼容易消化，而且营养丰富。

☆蒸肉饼☆

【原料】　五花肉，干鱿鱼，食盐，砂糖。

【制作】

1. 干鱿鱼先用水泡软，切成粒；
2. 五花肉要剁成肉饼，待肉饼成型后，加入干鱿粒；
3. 将肉饼和干鱿粒充分剁烂混合，即可放入食盐和砂糖调味；
4. 将肉饼放于盘子中，隔水蒸熟即可食用。

早餐

营养搭配原则　叉烧有猪肉的营养，让早晨精力充沛。

☆叉烧包☆

【原料】　叉烧肉，盐，葱，姜，酱油，面粉。

【制作】

1. 叉烧肉切小块，加入葱姜、酱油、盐拌成馅；
2. 面粉揉搓，分成均匀的粉团，心擀成包皮，放入馅料，将开口处折叠捏合；
3. 将包子放入蒸笼内，隔水蒸15分钟即可。

午餐

营养搭配原则　肉末烧豆腐可提高豆腐中蛋白质的吸收，茄子富含维生素E，两者搭配美味又不失营养。

☆肉末烧豆腐☆

【原料】　豆腐，肉末，生姜，葱。

【制作】

1. 豆腐蒸5分钟后切成长片；
2. 姜葱起锅，炒香肉末，加入豆腐，放清水，闷盖10分钟，煮熟即可调味。

☆油焖茄子☆

【原料】　茄子。

【制作】

1. 茄子去皮，切段，焯水；
2. 热锅下油，爆炒茄子至焦香，放清水，焖5分钟即可调味。

晚餐

营养搭配原则　晚餐吃青菜面片汤，不仅容易消化，而且帮助吸收。

☆青菜面片汤☆

【原料】　面粉，青菜，高汤。

【制作】

1. 面粉发成面团，揉好擀成薄片，青菜洗净；
2. 锅中放高汤，放入面片和青菜，煮熟即可调味。

第三周 素食也能超级美味

营养搭配原则　山药中的黏多糖物质与矿物质相结合，能增强孩子的免疫功能。

☆山药粥☆

【原料】　山药，粳米。

【制作】

1. 山药洗净切片，粳米淘干净；
2. 米和山药冷水放锅内煮，煮至烂熟即可。

营养搭配原则　酸梅汤有解热、止渴的功效，对付夏末炎热天，无敌哦。

☆番茄炒卷心菜☆

【原料】　番茄，卷心菜，蒜，醋。

【制作】

1. 番茄切丁，卷心菜切丝；
2. 热锅下油，翻炒蒜蓉至散发香味，加入番茄丁煸炒至糊状；
3. 此时加入卷心菜丝翻炒几分钟，待卷心菜软熟，即可加入调味，淋上香醋，翻炒起锅。

☆酸梅汤☆

【原料】　乌梅，山楂，甘草，冰糖。

【制作】

1. 将乌梅、山楂、甘草放入加水的锅中煮开；
2. 煮开后转为小火熬制 1 小时，根据个人口味放入冰糖即可。

晚餐

营养搭配原则　大枣能提高人体免疫力，促进白细胞的生成，降低血清胆固醇、提高人血白蛋白，保护肝脏。

☆红枣糕☆

【原料】　红枣，白糖，淀粉，鲜牛奶，蜂蜜。

【制作】

1. 将红枣洗后放入锅中煮烂，去皮，去核，留肉待用；
2. 把白糖，蜂蜜，淀粉慢慢放入红枣汁中煮开，边煮边搅以免粘锅结块；
3. 将鲜牛奶与枣肉倒进锅中搅匀；
4. 冷却后即可食用。

早餐

营养搭配原则　山楂粥健脾胃、消食积、散淤血，是不可多得的食疗粥。

☆开胃山楂粥☆

【原料】　山楂，粳米。

【制作】

1. 粳米洗净沥干，山楂洗净；
2. 锅中加水，放入山楂、粳米煮1小时，即可食用。

午餐

营养搭配原则　紫菜含有维生素和膳食纤维，多吃对身体好哦。

☆紫菜鸡蛋汤☆

【原料】　紫菜，鸡蛋，虾米。

【制作】

1. 锅中烧水，淋入鸡蛋液；
2. 等鸡蛋花浮起时，放入紫菜、虾米，闷盖10分钟，即可调味食用。

☆扬州炒饭☆

【原料】　火腿，香肠，鸡蛋，米饭，青豆，胡萝卜，食盐，酱油。

【制作】

1. 将火腿、香肠、胡萝卜切粒；
2. 热锅下油，放入米饭翻炒至松散，加入鸡蛋翻炒；
3. 加入上述材料，一起翻炒至全部熟透，加点食盐和酱油翻炒，即可食用。

晚餐

营养搭配原则　螃蟹能够清热解毒、补骨添髓，并且钙质丰富。

☆清蒸螃蟹☆

【原料】　螃蟹，生姜，花椒。

【制作】

1. 将螃蟹用水冲洗干净，放入蒸锅中；
2. 往锅中加少量生姜和花椒，蒸10分钟即可。

早餐

营养搭配原则　清晨来一碗营养丰富味道鲜美的豆腐羹，让孩子一整天精神棒棒。

☆豆腐羹☆

【原料】　猪肉，水豆腐，香菇，虾米，生姜，葱，生粉。

【制作】

1. 猪肉剁碎成蓉，水豆腐切小块，香菇切粒，虾米泡水；
2. 热锅下油，将葱、姜、虾米炒香，加入猪肉，再加水煮开；
3. 水滚后再加入水豆腐，兑入生粉水芶芡即可调味食用。

午餐

营养搭配原则　鸡肉优质蛋白的来源，营养和食用价值高，配合促进消化的豆芽，帮助吸收不油腻。

☆土豆烧鸡肉☆

【原料】　土豆，鸡块，生姜，葱，酱油。

【制作】

1. 鸡块用调味料腌制约 20 分钟，土豆切块；
2. 姜葱起锅，倒入鸡块翻炒至七成熟；
3. 倒入土豆块，加酱油翻炒；
4. 加入清水，闷盖煮 30 分钟，调味食用。

☆绿豆芽☆

【原料】　绿豆芽，蒜。

【制作】

1. 豆芽洗干净，把根部拔掉，蒜拍扁剥皮；
2. 热锅下油，把蒜爆香以后放入绿豆芽翻炒至软，即可调味食用。

晚餐

营养搭配原则　绿豆粥营养丰富，还有抗菌抑菌、降血脂、抗肿瘤、解毒的作用呢。

☆绿豆大米粥☆

【原料】　绿豆，大米。

【制作】

1. 准备原料大米、绿豆淘洗干净；
2. 煲内放入水，加入大米、绿豆，煮至米粒开花，粥汤稠浓即成。

早餐

营养搭配原则　肉骨汤和鸡蛋面搭配，富含维生素和铁质，保护眼睛防疲劳。

☆清汤面☆

【原料】　猪骨，高汤，鸡蛋面。

【制作】

1. 用猪骨熬汤，配合高汤成汤底；
2. 加入面条，煮软即可调味。

午餐

营养搭配原则　白萝卜清热散毒，是秋冬进补的佳品。

☆宫爆肉丁☆

【原料】　猪瘦肉，花生米，生姜，葱，蒜，辣椒面，酱油，料酒，鸡蛋，淀粉，花椒。

【制作】

1. 花生米炒脆，将猪肉切成丁，将酱油、料酒、鸡蛋、淀粉调匀做芡汁，葱姜蒜切好；
2. 热锅下油，放入花椒，再放肉丁放入煸炒，再加入辣椒面炒出红油；
3. 待肉熟时入芡汁，快速翻炒，加花生米翻两下，起锅装盘。

☆萝卜骨头汤☆

【原料】　白萝卜，猪骨，红薯，冬笋，大葱，大蒜头，生姜，红辣椒，盐。

【制作】

1. 白萝卜、红薯、冬笋切小块待用；
2. 猪骨飞水后洗干净；
3. 水煮沸后，把红薯、冬笋、葱姜蒜、红辣椒倒入锅中加热至沸腾；
4. 出锅前加盐、调味品即可。

晚餐

营养搭配原则　香菇炖鸡，营养丰富，有助补脾健体哦。

☆香菇枸杞炖鸡☆

【原料】　鸡，香菇，枸杞，生姜。

【制作】

1. 鸡切块，香菇用水泡发；
2. 生姜起锅，放入鸡块翻炒，加清水，放入香菇和枸杞，煮30分钟即可调味。

周五

早餐

营养搭配原则　鸡蛋＋河粉能为早晨学习活动提供充足热量。

☆鸡蛋河粉☆

【原料】　鸡蛋，河粉。

【制作】

1. 热锅下油，放入清水，煮熟河粉；
2. 往河粉中加入鸡蛋，不断搅拌至熟，即可调味。

午餐

营养搭配原则　多吃洋葱身体好，感冒时吃洋葱容易康复哦。

☆洋葱炒鸡蛋☆

【原料】　洋葱，鸡蛋。

【制作】

1. 炒香鸡蛋后捞起；
2. 爆炒洋葱粒至半熟，加入炒好的鸡蛋，翻炒至熟即可调味。

☆肉末青菜汤☆

【原料】　猪瘦肉，青菜，生姜。

【制作】

1. 瘦肉剁碎，稍腌一下，青菜洗净，姜切片；
2. 生姜起锅，爆炒肉末，加入清水，煮沸后加入青菜，煮 15 分钟即可。

晚餐

营养搭配原则　金针菇中含锌量比较高，莴笋含有非常丰富的氟元素，配合食用能健脑强身。

☆凉拌素三丝☆

【原料】　莴笋，金针菇，胡萝卜，蒜，香油。

【制作】

1. 莴笋和胡萝卜切丝，和金针菇一起焯熟；
2. 热锅下油，炒香蒜蓉，加香油和调味料，淋在三丝上搅拌即可。

第四周
让鲜虾与味蕾过招

营养搭配原则　白果可以扩张微血管，促进血液循环。

☆白果粥☆

【原料】　白果，腐竹，大米。

【制作】

1. 大米煮成稀粥，白果去壳切开，腐竹浸软切段；
2. 将白果和腐竹放入粥中，煮1小时即可。

午餐

营养搭配原则　韭菜含大量维生素和矿物元素，有抑制细菌的作用。

☆土豆虾仁☆

【原料】　鲜虾仁，土豆丝，食盐，胡椒粉。

【制作】

1. 土豆切丝，虾仁洗净；
2. 虾仁加盐，胡椒粉等调料下五成热油中焯熟；
3. 热锅下油，将土豆丝爆炒至半熟，放入虾仁炒熟，即可调味。

☆香煎韭菜饺☆

【原料】　猪肉馅，韭菜，饺子皮。

【制作】

1. 将猪肉和韭菜一起剁成蓉，加入调味料成馅料；
2. 将馅料包入饺子皮中；
3. 隔水蒸饺子15分钟，待饺子皮冷却变硬后，用油香煎即可。

晚餐

营养搭配原则　洋葱能刺激胃、肠及消化腺分泌，增进食欲，促进消化。

☆洋葱头炒肉☆

【原料】　猪肉，洋葱，葱，生姜。

【制作】

1. 葱头和姜切丝，猪肉切片腌制备用；
2. 姜丝起锅，放入猪肉迅速翻炒，放入洋葱翻炒至熟，即可。

早餐

营养搭配原则　早餐食用瘦肉粥，容易消化，营养丰富。

☆瘦肉粥☆

【原料】　大米，瘦肉，生姜。

【制作】

1. 猪瘦肉洗净后用调味料腌 3 小时，生姜切丝；
2. 大米煮成稀粥；
3. 往粥中放入瘦肉片、生姜丝煮 30 分钟，即可调味食用。

午餐

营养搭配原则　丝瓜维生素 B 丰富，促进孩子的大脑发育。

☆炒干丝☆

【原料】　五香豆腐干，虾米，榨菜，蒜，青红椒，糖。

【制作】

1. 五香豆腐干洗净，切丝焯水；
2. 虾米用清水浸软，取出沥干水，青红椒洗净，切开边去核，切丝；
3. 榨菜洗净，切片，用清水浸 5 分钟，取起切丝，加入少许糖拌匀；
4. 下油爆香虾米，下蒜蓉、干豆腐丝翻炒，加入榨菜、青红椒炒匀，下调味料即可。

☆丝瓜蛋汤☆

【原料】　丝瓜，鸡蛋，食盐。

【制作】

1. 丝瓜切成菱形块，鸡蛋打散放盐；
2. 倒入蛋液，摊成鸡蛋饼；
3. 锅煮沸水，加入丝瓜炒至发软；
4. 放入蛋饼，闷盖煮 5 分钟，调味即可。

晚餐

营养搭配原则　排骨炖冬瓜，荤素搭配润肺生津、化痰止渴。

☆排骨炖冬瓜☆

【原料】　排骨，冬瓜，大料，葱，姜，酱油，料酒。

【制作】

1. 排骨洗净，入开水锅中焯去血沫；
2. 冬瓜去皮切块；
3. 锅中放油，炝锅，加入适当的大料、葱花、姜片、酱油、料酒；
4. 加入排骨翻炒，再加水炖半小时，加入切好的冬瓜炖好为止。

早餐

营养搭配原则　高汤富含维生素A和钙，对身体发育很有帮助哦。

☆清汤面☆

【原料】　高汤，面条，青菜。

【制作】

1. 用高汤做汤底，煮开；
2. 加入面条、青菜，煮软即可调味。

午餐

营养搭配原则　香菇含多种氨基酸和维生素，配合金银蛋包饭，容易入口营养多。

☆香菇菠菜☆

【原料】　菠菜，香菇，火腿，蛋黄，生姜，淀粉。

【制作】

1. 将菠菜洗净切段；
2. 蛋黄打散，放入水淀粉，将菠菜整齐地放入盘内，使其沾满蛋黄糊；
3. 香菇与火腿均切成细丝；
4. 锅中放油烧至四成热，爆炒姜丝，再放入鲜汤撒上火腿、香菇丝，闷盖10分钟即可。

☆金银蛋包饭☆

【原料】　鸡蛋，米饭，虾仁，脆皮肠。

【制作】

1. 脆皮肠切粒，虾仁切粒；
2. 热锅下油，放入米饭翻炒至松散；
3. 加入脆皮肠和虾仁粒，翻炒至熟；
4. 最后加入鸡蛋，翻炒松散，即可调味食用。

晚餐

营养搭配原则　全家乐食材丰富，营养更加全面，是家中不可少的菜肴。

☆全家乐☆

【原料】　猪大排，水饺，鸡肉，冬笋，杏鲍菇，木耳，鱼丸，香菇，菠菜，食盐。

【制作】

1. 骨头先放盐腌制5小时成咸猪骨；
2. 香菇木耳发泡，熟鸡肉撕小条待用，杏鲍菇和冬笋切片；
3. 将鸡汤倒入锅，放入咸骨头开大火煮滚；
4. 放入全部材料，煮熟后，加少量盐调味，最后加入鱼丸和菠菜即可。

早餐

营养搭配原则　奶油蛋糕含有丰富热量，让孩子一天充满精神。

☆奶油蛋糕☆

【原料】　鸡蛋，低筋粉，奶油，牛奶，白糖粉。

【制作】

1. 蛋加入白糖粉，以打蛋器打出泡沫；
2. 将过筛的低筋粉加入1的料中，搅拌均匀；
3. 将隔水溶化的牛奶、奶油倒入2中快速搅拌混合；
4. 将3倒入蛋糕模型约八分满，放入180度烤箱烘烤约30分钟。

午餐

营养搭配原则　醋熘卷心菜能有效保留卷心菜中的营养成分，配合清热的海带，有助去燥消食。

☆醋熘卷心菜☆

【原料】　卷心菜，米醋，香油，白糖。

【制作】

1. 卷心菜切块；
2. 热锅下油，放入卷心菜，爆炒，下白糖、米醋、香油和调味料，即成。

☆海带汤☆

【原料】　海带，棒骨，红枣，枸杞，姜。

【制作】

1. 海带切片，棒骨洗净，焯水捞出；
2. 将焯好的骨头放入锅中，加入生姜、红枣等材料，煮1小时；
3. 1小时后，放入海带、枸杞下锅，再煮半个小时，即可调味食用。

晚餐

营养搭配原则　冬瓜搭配木耳，生津除烦，清胃涤肠，滋补强身。

☆豆腐木耳冬瓜汤☆

【原料】　豆腐，木耳，冬瓜，粉丝，腐竹，盐，鸡精，萝卜干。

【制作】

1. 将冬瓜、豆腐、粉丝、木耳、腐竹洗好；
2. 锅中烧水，放入萝卜干、木耳和腐竹大火煮开；
3. 然后放入豆腐、粉丝继续煮8分钟；
4. 加入冬瓜大火煮开，加入盐、鸡精即可。

早餐

营养搭配原则　韭菜能增进食欲，减少对胆固醇的吸收，搭配清爽黄瓜，清热消暑。

☆韭菜饼☆

【原料】　面粉，韭菜，鸡蛋，虾仁。

【制作】

1. 面粉和好，揉成面团；
2. 韭菜和虾仁剁碎，和鸡蛋、调味料搅拌成馅料；
3. 面团擀成饼皮，将馅料包入饼皮中；
4. 将包好的饼放入油锅中香煎至熟即可。

午餐

营养搭配原则　营养丰富的鲜虾配合清爽的马蹄，促进消化又有营养

☆鲜虾饺子☆

【原料】　鲜虾仁，马蹄，饺子皮，米酒。

【制作】

1. 鲜虾去壳加入米酒抓匀腌渍10分钟；
2. 虾仁和马蹄剁碎；
3. 取将虾仁末、马蹄末和调味料搅拌成虾仁内馅；
4. 用饺子皮包好饺子，下锅煮熟即可。

晚餐

营养搭配原则　猪肉丸子和鸡蛋能提供儿童成长所需动物蛋白。

☆刺猬丸子☆

【原料】　猪肉，鸡蛋，江米，淀粉。

【制作】

1. 猪肉剁碎，加入鸡蛋，调味料和淀粉用力搅拌至黏性，挤成丸子，用牙签挑出刺来；
2. 将丸子沾一层江米，上笼用蒸25分钟即可。

第六章 十月，在丰收的季节里带着宝贝感受大自然的馈赠

十月，秋凉来袭，白天变得越来越短，气温也慢慢降低，这时，像蘑菇、真菌等食物生长得特别好，只要简单地将蘑菇洗干净，放入蒜蓉、洋葱等佐料爆炒，加入适量的食盐，拔出蘑菇的香味就能打造出一道简单又美味健康的菜肴。而且，这个时节的甜菜、芹菜都是非常好的。十月的第一周也是黄金周，更是旅游旺季，希望孩子们能够玩儿得开心。

第二周
秋意里的秋味儿菌菇

早餐

营养搭配原则　燕麦中含有大量人体不能自我合成的氨基酸，可以促进孩子健康发育。

☆五彩燕麦水饺☆

【原料】　西红柿，紫椰菜，胡萝卜，芹菜叶，菠菜，玉米，猪肉，面粉。

【制作】

1. 五种蔬菜灼熟剁碎榨汁，将五种菜汁分别和入面粉中，做成五彩饺子皮；
2. 玉米和猪肉剁碎成馅料，包入饺子皮中；
3. 包好的饺子下锅煮熟即可调味食用。

午餐

营养搭配原则　蹄筋中含在丰富的胶原蛋白质，脂肪含量也比肥肉低，并且不含胆固醇，有强筋壮骨之功效。

☆牛筋烧萝卜☆

【原料】　牛筋，白萝卜，生姜，葱，高汤。

【制作】

1. 白萝卜切块，牛筋放入高压锅内，煮45分钟；
2. 姜葱起锅，将牛蹄筋放入锅中翻炒，放入萝卜翻炒；
3. 放入高汤和调味料，焖15分钟即可。

晚餐

营养搭配原则　木耳和胡萝卜配合肉丝，能使猪肉所含的优质蛋白质和脂肪酸得到更好的发挥，使得蛋白质的互补作用大大发挥，提高了营养价值。

☆鱼香肉丝☆

【原料】　瘦肉，胡萝卜，木耳，酱油，白糖，生姜，葱，蒜，鱼骨粉。

【制作】

1. 瘦肉切丝，盛于碗内，木耳和胡萝卜切丝；

2. 将鱼骨粉放入清水中，慢火煮，加入酱油，白糖、姜葱、蒜蓉等制成鱼香汁；
3. 热锅下油，翻炒肉丝至半熟，加入木耳、胡萝卜，待三种材料熟透的时候，倒入鱼香汁，煮10分钟即可调味食用。

早餐

营养搭配原则　燕麦可防止各种富贵性、营养性疾病发生。

☆牛奶燕麦粥☆

【原料】　燕麦片，牛奶，鸡蛋。

【制作】

1. 将燕麦片和牛奶放入煮锅中，倒入开水，拌匀；
2. 鸡蛋打入锅中，拌匀；
3. 盖锅盖，大火烧开，煮 2 分钟即可。

午餐

营养搭配原则　莲藕能增进食欲，促进消化，开胃健中，帮助更好吸收营养。

☆肉丝炒豆干☆

【原料】　豆腐干，猪肉，蒜黄，葱，生姜，花生油。

【制作】

1. 豆腐干切成丝后焯水，猪肉切成丝腌制一会儿；
2. 蒜黄切段，葱、姜均切成末；
3. 取锅上火烧热，注入花生油，先下肉丝炒散，再下入其他配料，翻炒至熟，放入调味料即可食用。

☆莲藕青红椒☆

【原料】　莲藕，青红椒。

【制作】

1. 莲藕去皮切丝，青红椒切丝；
2. 起油锅，油热先爆香青红椒后盛起，用锅中余油将莲藕炒熟，再放入青红椒炒匀后加调味料即可。

晚餐

营养搭配原则　红枣富含的环磷酸腺苷，是人体能量代谢的必需物质。

☆枣泥松仁糕☆

【原料】　干红枣，麦芽糖浆，松仁，盐。

【制作】

1. 红枣去核，取肉切粒；
2. 锅中加入凉水，放入麦芽糖浆和盐，大火煮滚后放入切好的红枣碎粒，一边煮一边用勺子将红枣碾碎成红枣泥；
3. 待枣泥完成，汤汁收干后，即可关火；
4. 取出红枣泥盛好，放凉待用；
5. 将一勺羹的红枣泥放入保鲜纸中，保鲜纸拧紧包好，为枣泥定型；
6. 完成后，将包好的枣泥放入冰箱中冷却定型，而后撕开保鲜纸，在定型好的枣泥上撒上几颗松仁即可。

早餐

营养搭配原则　全麦馒头富含纤维和慢消化淀粉，能在大肠中促进有益菌的增殖，改善肠道微生态环境。

☆全麦馒头☆

【原料】　全麦面粉，发酵粉。

【制作】

1. 将全麦面粉和发酵粉拌匀，加水揉成面团，盖上湿布发酵2小时；
2. 把发好的面团搓成长条，揪成小剂子，分别揉成小面团，做成馒头生坯；
3. 将馒头生坯放进蒸笼里蒸至水沸，再继续蒸30分钟即可。

午餐

营养搭配原则　排骨营养丰富，配合三丝能帮助营养吸收，容易消化。

☆炒三丝☆

【原料】　胡萝卜，大白菜，瘦肉。

【制作】

1. 大白菜、胡萝卜、瘦肉切丝；
2. 瘦肉丝腌制半个小时；
3. 热锅下油，爆炒瘦肉丝至半熟，然后加入胡萝卜丝和白菜丝，炒熟即可调味食用。

☆酸甜排骨☆

【原料】　肋排，葱，生姜，蒜，淀粉，糖，醋。

【制作】

1. 排骨剁段，姜、蒜切片，香葱切末；
2. 热锅下油，待食油烧至五成热时，放入排骨撒炸至表面金黄色，即可捞起沥干；
3. 将锅中的油倒出来，利用锅面残留的油分，加入姜片、蒜片炒香，倒入排骨翻炒；
4. 倒入没过排骨面那么多量的温水，大火烧开，改小火煮半个小时；
5. 待排骨入味酥软之后，加入糖、醋、香葱等，淀粉勾芡收汁即可食用。

晚餐

营养搭配原则　蘑菇有助增强免疫力和补充各种所需元素。

☆三鲜蘑菇☆

【原料】　蘑菇，大洋芋，鸭肝或鸡肝，橄榄油，酱油，胡椒粉。

【制作】

1. 洋芋先煮熟，待冷却后取出洋芋心；
2. 蘑菇和肝脏洗净蒸熟，切片；
3. 将洋芋心和蘑菇置于盘子中央，周围用的蘑菇成扇形，再撒上两撮肝碎块和橄榄油、酱油、胡椒粉即可食用。

营养搭配原则　小麦含有人体所需的8种氨基酸，又含有钙、磷、铁、锌等矿物质，是补钙佳品。

☆小麦馒头☆

【原料】　小麦面粉，淡奶油，白糖。

【制作】

1. 把黄油室温软化，之后加糖用打蛋器打发；
2. 分次倒入淡奶油，搅拌均匀，加入面粉拌匀；
3. 揉成小圆球，排在铺上锡纸的烤盘上；
4. 烤箱预热190度，中层10分钟后转150度10分钟即可。

午餐

营养搭配原则　杏鲍菇具有降血脂、降胆固醇、促进胃肠消化、增强机体免疫能力、防止心血管病等功效。

☆杏鲍菇烧蹄包☆

【原料】　蹄包肉，杏鲍菇，木耳，冰糖，葱，生姜，辣椒，八角，花椒，酱油。

【制作】

1. 蹄包肉切成块，焯水，杏鲍菇、木耳切片；
2. 锅中加油、加水，放入冰糖，熬糖色至色发红，下入焯水过的蹄包肉翻炒；
3. 加入葱姜、辣椒、八角、花椒和酱油，加点水炒至肉八成熟；
4. 放入杏鲍菇和木耳翻炒至熟，调味即可上碟。

晚餐

营养搭配原则　木耳搭配粉丝能提供人体所需的多种维生素和矿物质。

☆木耳粉丝☆

【原料】　豆腐，木耳，冬瓜，粉丝，腐竹，萝卜干。

【制作】

1. 将冬瓜、豆腐、粉丝、木耳、腐竹切丝；
2. 锅中烧水，放入萝卜干、木耳和腐竹大火煮开；
3. 然后放入豆腐、冬瓜继续煮8分钟；
4. 加入粉丝大火煮开，加入调味料即可。

早餐

营养搭配原则　皮蛋瘦肉粥，能增进食欲，促进营养吸收。

☆皮蛋瘦肉粥☆

【原料】　大米，皮蛋，瘦肉，生姜。

【制作】

1. 皮蛋切瓣，大米煮成稀粥；
2. 猪瘦肉洗净后用调味料腌 3 小时；
3. 往粥中放入皮蛋和瘦肉片、生姜丝煮 30 分钟，即可调味食用。

午餐

营养搭配原则　猪肉含有丰富的优质蛋白质和必需的脂肪酸，并提供血红素（有机铁）和促进铁吸收的半胱氨酸，能改善缺铁性贫血。

☆猪肉烧花菜☆

【原料】　猪肉，花菜，胡萝卜，生姜，蒜，葱。

【制作】

1. 花菜洗净，切小块，焯水；
2. 猪肉切片，腌制一会儿；
3. 锅中加油烧热，下姜蒜煸香；
4. 加入花菜一起炒，下调味料，焖几分钟，下胡萝卜丝和葱再翻炒至熟即可。

☆炒菜心☆

【原料】　菜心，蒜蓉，食盐。

【制作】

1. 菜心洗净切段；
2. 起锅热油，爆香蒜蓉；
3. 放入菜心，翻炒后放入盐调味。

晚餐

营养搭配原则　莲子营养丰富，又能清热解毒，而且味道也很不错呢。

☆莲蓉包☆

【原料】　面粉，莲蓉馅料，碱，发酵粉，白糖，熟猪油，酵面。

【制作】

1. 面粉加酵面、清水和成面团，静置发酵，至半发酵时，加碱、发酵粉、白糖揉匀，静饧 15 分钟，再反复揉面，静饧 2、3 次，至面团光滑柔软；
2. 面粉中加熟猪油搓匀成酥心面团；
3. 取一小块酵面为剂，包入一小份酥面，擀成长形，卷成筒状，静置 5、6 分钟，再反复擀成扁圆形面皮，包入莲蓉馅料，于顶端划一个“十”字；
4. 蒸锅预热，将莲蓉包生坯入笼用旺火蒸至熟透即可。

第三周 最有爱的不过是妈妈做的蛋炒饭

早餐

营养搭配原则　营养丰富的花菜加富含铁质的大虾，为孩子的一天加分。

☆花菜虾仁粥☆

【原料】　花菜，虾，大米，胡椒粉，料酒。

【制作】

1. 花菜切粒、大米和虾洗净备用；
2. 虾去壳后用胡椒粉、料酒腌制几分钟；
3. 温油锅，倒入虾仁，慢火翻炒至熟；
4. 大米煮成稠粥后放入虾仁和花菜，即可调味食用。

午餐

营养搭配原则　鸡翅不仅营养丰富，而且全世界的孩子都很喜欢吃呢。

☆红烧鸡翅☆

【原料】　鸡翅根，葱，生姜，白糖，酱油。

【制作】

1. 热锅下油，爆炒姜葱；
2. 将鸡翅根放入锅中翻炒，加入白糖和酱油、清水，煮熟即可。

☆肉丁馒头☆

【原料】　面粉，猪肉，葱，鸡蛋。

【制作】

1. 猪肉切丁，加入葱花、鸡蛋和调味料，搅拌均匀成馅；
2. 面粉发酵成面团，揪成剂子，包入肉丁馅，隔水蒸 15 分钟。

晚餐

营养搭配原则　秋意渐浓，晚餐吃冬瓜能有效祛湿润肺。

☆冬瓜烧鸡☆

【原料】　冬瓜，鸡腿，青红椒，生姜。

【制作】

1. 冬瓜切片，鸡腿剁块；
2. 姜丝起锅，冬瓜翻炒，倒入鸡块翻炒上色放入青红椒，倒入清水，翻炒 15 分钟。

早餐

营养搭配原则　香喷喷的叉烧为宝贝的一天带来精彩与活力。

☆叉烧包☆

【原料】 叉烧肉，盐，葱，姜，酱油，面粉。

【制作】

1. 叉烧肉切小块，加入葱姜、酱油、盐拌成馅;
2. 面粉揉搓，分成均匀的粉团，放在掌心擀成包皮，放入馅料，将开口处折叠捏合;
3. 将包子放入蒸笼内，隔水蒸15分钟即可。

午餐

营养搭配原则　清热生津补益元气的冬瓜牛肉汤，含有足够的维生素B6，可增强免疫力，促进蛋白质的新陈代谢和合成。

☆牛肉冬瓜汤☆

【原料】 牛肉，冬瓜，酱油，生姜。

【制作】

1. 牛肉切成薄片，用酱油和生姜腌制好;
2. 冬瓜去皮洗净，切成片备用;
3. 炒锅倒油烧热，下冬瓜片略炒，加入清水，闷盖煮沸后加入牛肉，煮熟即可。

晚餐

营养搭配原则　晚餐将洋葱和猪肉搭配来吃，能减轻孩子肠胃的负荷，帮助消化吸收。

☆洋葱头炒肉☆

【原料】 猪肉，洋葱，生姜。

【制作】

1. 葱头和姜切丝，猪肉切片腌制备用;
2. 姜丝起锅，放入猪肉迅速翻炒，放入洋葱翻炒至熟即可。

早餐

营养搭配原则　常吃韭菜有助身体健康，并且能够提升免疫力哦。

☆韭菜饺子☆

【原料】　猪肉馅，韭菜，饺子皮。

【制作】

1. 将猪肉和韭菜一起剁成蓉，加入调味料成馅料；
2. 将馅料包入饺子皮中；
3. 隔水蒸饺子 15 分钟即可。

午餐

营养搭配原则　猪肉搭配白菜能有效平衡其酸性，保持膳食平衡。

☆猪肉白菜☆

【原料】　猪肉，白菜。

【制作】

1. 猪肉切片，白菜切片；
2. 热锅下油，放入猪肉爆炒，再放入白菜翻炒至熟即可。

☆蛋炒饭☆

【原料】　鸡蛋，米饭，虾仁，脆皮肠。

【制作】

1. 脆皮肠切粒，虾仁切粒；
2. 热锅下油，放入米饭翻炒至松散；
3. 加入脆皮肠和虾仁粒，翻炒至熟；
4. 最后加入鸡蛋，翻炒松散，即可调味食用。

晚餐

营养搭配原则　馄饨采用鸡肉和瘦肉的搭配，营养均衡不肥腻。

☆鸡丝高汤馄饨☆

【原料】　馄饨皮，瘦猪肉，熟鸡肉，鸡蛋皮，紫菜，香菜，葱末，鸡汤，酱油，葱。

【制作】

1. 把猪肉剁成泥，加入酱油、葱姜末等包成馄饨；
2. 香菜末，紫菜泡好后撕成小片，将熟鸡肉和鸡蛋皮切成细丝待用；
3. 锅内烧沸鸡汤，闷盖煮馄饨，再撒上紫菜、香菜末、鸡蛋皮丝、熟鸡丝，再把烧沸的鸡汤浇到馄饨碗内即可。

周四

早餐

营养搭配原则　糯米鸡是滋补佳品，能缓解脾胃虚寒和尿频症状。

☆糯米鸡☆

【原料】 新鲜荷叶，糯米，鸡肉，白果，板栗。

【制作】

1. 先将糯米蒸熟；
2. 鸡肉切成鸡丁爆炒入味；
3. 白果和板栗先用白水煮熟；
4. 取出蒸好的糯米，放入鸡丁、白果和板栗，加调味料，包在荷叶内上锅蒸30分钟即可。

午餐

营养搭配原则　牛肉和西红柿搭配能有效提高对二者营养的吸收。

☆萝卜焖牛肉☆

【原料】 牛肉，白萝卜，生姜。

【制作】

1. 牛肉切片，白萝卜切片；
2. 热锅下油，放入生姜片，翻炒牛肉；
3. 在锅中放入白萝卜，加清水与调味料，小火焖30分钟，即可食用。

☆黄花炒西红柿☆

【原料】 西红柿，木耳，黄花。

【制作】

1. 木耳和黄花泡开，西红柿切成小块；
2. 热锅下油，木耳和黄花放进去翻炒；
3. 放入清水，加入西红柿煮熟，即可调味。

晚餐

营养搭配原则　小油条多吃容易上火，但是偶尔换换晚餐口味，控制食量，则有开胃的功效哦。

☆小油条☆

【原料】 面团，酵母，糖。

【制作】

1. 将面团搅和，加入白糖，发酵成面团；
2. 将面摊成长条形，交叉捏放，中间留点空隙，下锅炸熟即可。

早餐

营养搭配原则　红米能补血补气，让孩子活力无限。

☆红米粥☆

【原料】　红米，大米，冰糖。

【制作】

1. 大米、红米分别洗干净，放入锅中煮成粥，煮 1 小时；
2. 按照个人口味加入冰糖，即可食用。

午餐

营养搭配原则　莲藕和猪肉的搭配，营养均衡，荤素结合，加之莲藕能提升孩子咀嚼强度，有助促进肠道蠕动，营养吸收。

☆肉烧莲藕☆

【原料】　五花肉，莲藕，葱，干辣椒，大料，香叶，白糖，料酒，生抽，老抽，盐。

【制作】

1. 先将五花肉切成等大的小方块，莲藕去皮切块，大葱切断备用；
2. 锅中烧开清水，将切好的五花肉放入开水中煮变色，捞出洗净血沫沥干待用；
3. 锅中放油和白糖，开小火熬糖色，待糖液颜色变深时，倒入炒过的五花肉块，翻炒均匀；
4. 加入料酒、生抽、老抽、干辣椒、大料、香叶，炒香，炒至红棕色时，加入开水，没过红烧肉，放入葱段、莲藕开炖；
5. 依次放入葱段、莲藕，大火烧开后转小火慢炖，至少要炖 30 分钟，当肉烧软，开盖，加盐调味，转大火烧，当肉汤收浓变黏稠时即可出锅。

晚餐

营养搭配原则　板栗含丰富的糖、脂肪、蛋白质等营养元素，有养胃健脾的作用。

☆栗子鸡汤☆

【原料】　鸡腿肉，去皮栗子，盐。

【制作】

1. 鸡腿剁块洗净，开水烫后去除浮沫，捞出备用；
2. 栗子浸泡热水去除皮膜；
3. 将栗子、鸡腿放入炖锅中，加 5 杯水炖 40 分钟，待鸡肉及栗子熟烂后加盐调味即可。

第四周
一碗清香百合粥

早餐

营养搭配原则 猪内脏含有丰富营养，煮成粥不会增加过多胆固醇。

☆及第粥☆

【原料】 猪肉，猪肝，粉肠，猪腰，猪肚，大米，生姜，葱。

【制作】

1. 将全部材料切片备用，大米下锅煮成米粥;
2. 在粥中放入猪肚、粉肠及姜片、葱丝煮约1小时;
3. 待粉肠和猪肚熟透后，加入其余材料煮30分钟，即可调味食用。

午餐

营养搭配原则 胡萝卜浑身都是宝，和肉菜都是相当好的搭配。

☆猪肉烧豆芽☆

【原料】 猪肉，豆芽，精盐，水淀粉，料酒，酱油，味精，色拉油。

【制作】

1. 猪肉洗净、切成细丝，用精盐、水淀粉拌匀上浆;
2. 豆芽切成3厘米长的小段，放入沸水锅内焯一下，捞起;
3. 炒锅放到旺火上，放入色拉油，烧热，放入肉丝滑油至熟，倒入漏勺沥油;
4. 锅放到火上，倒花生油35克烧热，放人豆芽炒几下，加入料酒、酱油、味精、猪肉丝迅速炒匀，用水淀粉勾芡，盛入盘内即成。

☆炒胡萝卜丝☆

【原料】 胡萝卜，葱，盐，酱油，糖，味精。

【制作】

1. 将胡萝卜去皮切成薄片然后快刀切丝，将葱切丝;
2. 将油加至九成热，将葱放入油锅内，大约5秒后会爆出香味，然后将切好的胡萝卜丝倒入锅中翻炒约5分钟，接着放盐、糖和少许酱油，加少许水翻炒5分钟左右，撒上少许味精即可。

晚餐

营养搭配原则　肉类的蛋白质高，香菇、冬笋含有的微量元素较多，搭配起来是一道平衡膳食的美味佳肴。

☆什锦炒饭☆

【原料】　米饭，蘑菇，豌豆，胡萝卜，虾仁，盐，鸡精，胡椒粉，料酒，淀粉，食用油。

【制作】

1. 虾仁去泥肠洗净，加料酒、胡椒粉、淀粉上浆；
2. 胡萝卜洗净后切小片，蘑菇洗净切块，将虾仁、豌豆粒、蘑菇倒入沸水锅中，焯烫至断生，捞出沥水；
3. 炒锅中加入少许食用油，放入胡萝卜片煸炒片刻，再放入虾仁、豌豆粒、蘑菇加盐、鸡精、胡椒粉炒匀，接着倒入熟米饭搅拌均匀，焖 3 分钟即可盛盘。

早餐

营养搭配原则　鸡肉米粉制作简单，营养丰富口感好，非常适合作为孩子的早餐。

☆鸡肉米粉☆

【原料】　鸡肉，米粉，葱，香菜，花生，鱼露，辣椒酱，蒜，柠檬汁，芦笋。

【制作】

1. 鸡肉切丝，葱切碎，大蒜拍扁；
2. 热油下锅，姜葱起锅；
3. 把鸡汤倒在煮锅里，加入米粉，加入鱼露一勺，加入剥皮切段的芦笋，待米粉煮熟后捞出；
4. 再加三勺鱼露拌匀，撒上香菜、花生，拌上辣椒酱，洒上柠檬汁去腥即可食用。

午餐

营养搭配原则　鸡肉是磷、铁、铜与锌的良好来源，并富含多种维生素，是营养膳食的好拍档。

☆老母鸡汤☆

【原料】　老母鸡，生姜。

【制作】

1. 生姜切片，老母鸡切大块；
2. 锅中煮沸水，加入生姜片和老母鸡块，炖一个半小时，即可调味食用。

☆椒油黄瓜腐竹☆

【原料】　花生米，黄瓜，腐竹，花椒，干辣椒。

【制作】

1. 腐竹泡软切段，黄瓜切段；
2. 热锅下油，取花生米、花椒、干辣椒炒出花生油，加入调味料形成香油；
3. 腐竹和黄瓜用水焯水后沥干水分，将炒好的香油倒在上面即可。

晚餐

营养搭配原则　腰果配上高蛋白质营养的虾仁，对孩子身体成长有很大帮助。

☆红绿腰果虾仁☆

【原料】　活虾，红绿灯笼椒，腰果。

【制作】

1. 腰果首先用油爆一下，捞起沥干待用；
2. 活虾洗净，去头去壳去筋，红、绿灯笼椒切丝；
3. 用沸水焯一下虾仁，捞起沥干待用；
4. 热锅下油，放入虾仁爆炒，然后放入腰果翻炒；
5. 待虾仁熟透，放入灯笼椒丝，翻炒两分钟，即可调味食用。

早餐

营养搭配原则　瘦肉配鸡蛋能维护鸡蛋中蛋白质正常代谢，帮助维生素溶解和吸收。

☆鸡蛋瘦肉粥☆

【原料】　瘦肉，鸡蛋，米，盐，食用油。

【制作】

1. 把瘦肉洗净切小块，加盐和油稍腌一下；
2. 锅里加水，洗干净的米放进锅里；
3. 米煮开后加入瘦肉，打散鸡蛋，搅拌一下，加调味料即可。

午餐

营养搭配原则　豆腐干、虾米和榨菜配合，能增强食欲，帮助营养吸收。

☆炒干丝☆

【原料】　豆腐干，虾米，榨菜，蒜蓉，青椒，糖，麻油。

【制作】

1. 五香豆腐干洗净，切丝，装盘待用；
2. 将锅中放入凉水烧开，放入豆腐丝；
3. 捞出豆腐丝，过凉水，挤干水分，装盘待用；

4. 虾米用清水浸软，取起沥干水，青椒洗净，切开边去核，切丝；
5. 榨菜洗净，切片，用清水浸 5 分钟，取起切丝，加入少许糖拌匀；
6. 下油爆香虾米，下蒜蓉、干豆腐丝翻炒，加入榨菜、青椒炒匀，下调味料炒至汁干，淋下麻油炒匀上碟。

晚餐

营养搭配原则　牛肉和鹌鹑蛋都富含优质蛋白和各种人体所需养分，特别适合孩子的成长发育。

☆牛肉丸子鹌鹑蛋汤☆

【原料】　牛肉丸，鹌鹑蛋，青椒，胡萝卜，生姜，葱，蒜，草菇老抽，海鲜生抽，盐，糖，醋，鸡精，水淀粉。

【制作】

1. 鹌鹑蛋煮熟后扒掉皮备用，牛肉丸室温解冻，青椒、胡萝卜切片，葱姜蒜切末待用；
2. 草菇老抽、海鲜生抽、盐、少量糖、少量醋、鸡精、水淀粉调汁待用；
3. 锅内放油烧热，放姜蒜末炒出香味后，放牛肉丸翻炒 2 分钟，再放入鹌鹑蛋翻炒均匀；
4. 放入青椒、胡萝卜片翻炒几下，注入开水，盖盖煮；
5. 熬 15—20 分钟，撒上葱花调味料即可。

早餐

营养搭配原则　经常吃百合粥可提高身体抵抗力哦。

☆百合粥☆

【原料】　百合，粳米，白糖。

【制作】

1. 将百合洗净，将粳米淘洗干净，都放入锅内，加水；
2. 烧沸后改文火煮成粥，加入白糖即成。

午餐

营养搭配原则　萝卜能起到改善人体的新陈代谢的作用，多吃对身体好。

☆香辣鸡丁☆

【原料】　鸡腿肉，花生米，葱，干辣椒，花椒，豆瓣酱。

【制作】

1. 用清水发泡花生，去衣后，热锅下油翻炒至焦香，装起来待用；
2. 鸡腿肉切成丁后，加入豆瓣酱等调味料腌制 1 小时；
3. 锅热下油，加入干辣椒和花椒，倒入鸡丁爆炒；
4. 鸡丁爆炒至入味，即可加入花生米和葱段，调味即可食用。

☆萝卜粉丝汤☆

【原料】　白萝卜，粉丝。

【制作】

1. 粉丝先用湿水泡软，萝卜切丝待用；
2. 热锅下油，放水烧开，把萝卜、粉丝一同入锅中，待萝卜熟透即可调味食用。

晚餐

营养搭配原则　晚餐选择营养丰富的皮蛋瘦肉粥，热量充足且容易消化，保证睡眠。

☆皮蛋瘦肉粥☆

【原料】　大米，皮蛋，猪瘦肉，生姜，盐。

【制作】

1. 皮蛋切瓣，大米煮成稀粥；
2. 猪瘦肉洗净后用调味料腌半小时；
3. 往粥中放入皮蛋和瘦肉片、生姜丝煮 30 分钟，加食盐，即可食用。

早餐

营养搭配原则　西红柿、胡萝卜、紫椰菜和芹菜、菠菜配合，能提供丰富碳水化合物及胡萝卜素、蛋白质，增加肠胃蠕动促消化。

☆彩色水饺

【原料】　西红柿，紫椰菜，胡萝卜，芹菜叶，菠菜，面粉，玉米，猪肉。

【制作】

1. 将西红柿、紫椰菜、胡萝卜、芹菜叶、菠菜灼熟剁碎榨汁，分别将菜汁和入面粉中，做成五彩饺子皮；
2. 玉米和猪肉剁碎成馅，加入调味料，包入饺子皮中；
3. 包好的饺子下锅煮熟即可调味食用。

午餐

营养搭配原则　西葫芦和洋葱配合，加上紫椰菜和绿豆芽混搭，能有效促进营养吸收，帮助消化。

☆西葫芦炒双色饭☆

【原料】　大米，小米，西葫芦，洋葱，鸡蛋，葱。

【制作】

1. 先将两种米洗净，放入电饭煲中煮好；
2. 将鸡蛋打散，洋葱切成圈状，将香葱和西葫芦切粒状；
3. 热锅下油，放入香葱，爆炒，倒入打散了的鸡蛋，炒香后倒入西葫芦粒，炒至西葫芦半熟，放入洋葱圈；
4. 一直翻炒，直到洋葱散发香味后，即可倒入双色米饭，继续翻炒，至西葫芦熟透，米饭呈现出金黄色，即可调味食用。

☆绿豆芽炒紫椰菜☆

【原料】 绿豆芽，紫椰菜，葱，生姜，芡汁。

【制作】

1. 热锅下油，放姜葱炒出香味后放入绿豆芽；
2. 紫椰菜切丝，加入紫椰菜炒 5 分钟；
3. 加芡汁，即可调味食用。

晚餐

营养搭配原则　在营养丰富的牛肉中配合加入鸭梨和青椒，能平衡肉菜营养。

☆爆炒牛肉☆

【原料】 牛肉，洋葱，鸭梨，青椒，料酒，酱油，盐，糖，植物油，醋。

【制作】

1. 梨和牛肉都事先切片；
2. 烧热炒锅，倒入植物油，油温八成热的时候，放入牛肉爆炒，爆炒的同时放料酒、酱油、小半勺盐，牛肉爆炒约 1 分钟后取出放碗中备用；
3. 然后炒青椒和洋葱，快熟时放入刚刚盛出的牛肉，加入梨片翻炒；
4. 最后放入剩下的盐、糖、醋翻炒 10 秒左右即可。

第七章 十一月，用美食滋养孩子脆弱的心肺

十一月已经是深秋时节了，这个时候是吃肉的好时机，而且必须要吃肉，为身体补充脂肪和热量，我们可以选择腰子做爆炒腰花，好吃又美味，还可以为宝贝准备灌肠来吃。孩子们都很喜欢吃灌肠，而且他们对于在猪肠里头塞满肉的食物充满好奇。如果配合时令的莴苣、南瓜一起做爆炒灌肠，味道又再提升一级，是个非常不错的选择。

第一周
温暖的粥驱散寒冷

早餐

营养搭配原则　燕麦既可“充饥滑肠”，又可防止各种富贵性、营养性疾病发生。

☆燕麦粥☆

【原料】　燕麦片，牛奶，鸡蛋。

【制作】

1. 将燕麦片和牛奶放入煮锅中，倒入开水，拌匀；
2. 鸡蛋打入锅中，拌匀；
3. 盖锅盖，大火烧开，煮 2 分钟即可。

午餐

营养搭配原则　西洋菜营养丰富而且较全面，含有多种氨基酸和维生素，具有药用价值，可治疗肺病和肺热燥咳等疾病。

☆西洋菜猪骨汤☆

【原料】　猪骨，西洋菜，蜜枣，盐。

【制作】

1. 猪骨过水后，加水小火煲 40 分钟左右；
2. 下蜜枣，西洋菜洗净，大的用手掰短，整条也行，放入汤中；
3. 转小火煮20 分钟落盐，蜜枣不要放多了，汤里有淡淡的若有若无的一丝甜味才好喝。

☆香干芹菜☆

【原料】　芹菜，豆腐香干，盐，食用油，葱，生姜，酱油，鸡精。

【制作】

1. 香干洗干净切丝待用；
2. 芹菜叶子去掉，切段洗干净；
3. 锅中烧水，水烧开加点盐和食用油把芹菜倒入锅中焯水；
4. 锅中底油，放葱花，姜片爆香一下，倒入香干，加点盐，酱油爆炒一下；
5. 倒入焯过水的芹菜，加点盐爆炒 2、3 分钟，加鸡精起锅。

晚餐

营养搭配原则　莲藕含丰富膳食纤维和蛋白质，能帮助消化，缓解肠胃负担。

☆糖醋藕丝☆

【原料】　莲藕，青红椒。

【制作】

1. 莲藕去皮切丝，青红椒切丝；
2. 起油锅，油热先爆香青椒、红椒后盛起，用锅中余油将莲藕炒熟，再放入青红椒炒匀后加调味料即可。

周二

早餐

营养搭配原则　全麦馒头富含纤维和慢消化淀粉，能在大肠中促进有益菌的生长，改善肠道微生态环境。

☆全麦馒头☆

【原料】　全麦面粉，发酵粉。

【制作】

1. 将全麦面粉和发酵粉拌匀，加水揉成面团，盖上湿布发酵 2 小时；
2. 把发好的面团搓成长条，揪成小剂子，分别揉成小面团，做成馒头生坯；
3. 将馒头生坯放进蒸笼里蒸至水沸，再继续蒸 30 分钟即可。

午餐

营养搭配原则　牛肉配银牙，荤素搭配合理，营养互补，有补血抗衰、益气强身之效，是适宜秋冬常食的美味佳肴。

☆牛肉冬瓜汤☆

【原料】　牛肉，冬瓜，酱油，生姜。

【制作】

1. 牛肉切成薄片，用酱油和生姜腌制好；
2. 冬瓜去皮洗净，切成片备用；
3. 炒锅倒油烧热，下冬瓜片略炒，加入清水，闷盖煮沸后加入牛肉，煮熟即可。

☆韭菜炒银牙☆

【原料】　韭菜，胡萝卜，绿豆芽，香葱，生抽，糖，蚝油。

【制作】

1. 韭菜摘去头部，洗净切段，胡萝卜切丝，绿豆芽掐掉尾部，香葱切小段备用；
2. 把锅中的清水烧开后，放入绿豆芽焯烫 1 分钟后捞出，充分沥干水分；
3. 炒锅烧热，倒入少许油大火加热，待油五成热时，放入香葱段，改成中小火煸香后，放入胡萝卜煸炒至变软；
4. 变色后，焯好的绿豆芽翻炒约 15 秒钟，加入韭菜段后，马上加入生抽、糖和蚝油炒匀即可。

晚餐

营养搭配原则　田鸡含有丰富的蛋白质、钙和磷，有助于孩子的生长发育，是不可多得的营养美味。

☆田鸡粥☆

【原料】　田鸡，大米，生姜，蒜，葱，料酒，盐，生抽，生粉，食用油，鸡精，香菜，麻油。

【制作】

1. 田鸡杀好备用，姜、蒜切碎，葱切小段，香菜刮掉根部泥屑浸泡盐水片刻晾干备用；

2. 大米洗干净加入少许油和盐腌半个小时，田鸡加入少许料酒、食用油、盐、姜、蒜、葱、生抽、生粉混合搅拌均匀腌好备用；
3. 腌好的米加水煮 45 分钟左右，再加入田鸡煮熟；
4. 加入盐、鸡精调味，撒香菜和麻油搅拌均匀即可。

早餐

营养搭配原则　在馄饨中加入紫菜、香菜，能起到荤素平衡、促进镁元素吸收的作用。

☆鸡肉馄饨☆

【原料】　馄饨皮，瘦猪肉，熟鸡肉，鸡蛋皮，紫菜，香菜，葱，酱油，生姜，鸡汤。

【制作】

1. 把猪肉剁成泥，加入酱油、葱姜末，用馄饨皮包成馄饨；
2. 香菜末，紫菜泡好后撕成小片，将熟鸡肉和吊制的蛋皮切成细丝待用；
3. 锅内烧沸鸡汤，闷盖煮馄饨，再撒上紫菜片、香菜末、鸡蛋皮丝、熟鸡丝，再把烧沸的鸡汤浇到馄饨碗内即可。

午餐

营养搭配原则　家常小菜的搭配口味清淡，同时保证膳食营养。

☆肉丝炒莴笋☆

【原料】　瘦肉，莴笋，葱，生姜，酱油，盐，淀粉，味精。

【制作】

1. 将莴笋择去叶、削去皮，洗净切成细丝；瘦肉洗净，切成细丝，放入盆内，加入水淀粉、精盐上浆，用热锅温油滑散捞出；
2. 将炒菜用油放入锅内，热后下入葱姜末炝锅，投入莴笋煸后，加入肉丝搅拌均匀，再加入酱油、精盐、水少许，开后用淀粉勾芡，放味精搅匀即成。

☆玉米牛肉☆

【原料】　牛肉，青椒，玉米，鸡蛋，生姜，高汤，麻油，洋葱。

【制作】

1. 牛肉切成薄片，用鸡蛋抓匀；
2. 青椒和洋葱洗净，切成菱形片备用；
3. 把牛肉入油锅，用油温泡后，再把青椒和洋葱放入油中和牛肉一起泡数秒，沥干油分备用；
4. 锅中留少许油，爆香姜末，然后放入牛肉、青椒、洋葱和玉米粒，再放入高汤和其他调味料，最后淋上麻油即可。

晚餐

营养搭配原则　鹌鹑肉主要成分为蛋白质、脂肪、无机盐类，且具有多种氨基酸，胆固醇含量较低的特点，有“动物人参”之称。

☆鹌鹑粥☆

【原料】　鹌鹑，大米，绍酒，精盐，芝麻油。

【制作】

1. 将大米洗净后浸 30 分钟；
2. 鹌鹑去毛和内脏，洗净切成块，用绍酒腌渍 10 分钟；
3. 将鹌鹑和大米置于一深容器内，加入沸水，加盖高火煮 10 分钟；
4. 加入精盐和芝麻油搅拌，再加盖低火煮 10 分钟，取出后焖一会儿即可。

周四

早餐

营养搭配原则　酸甜果酱搭配中式面包，新鲜美味挡不住。

☆果酱包☆

【原料】　面粉，酵母，果酱。

【制作】

1. 按照做包子的程序发好面粉，分出剂量；
2. 以果酱为馅，包好包子后上锅蒸熟 15 分钟即可。

午餐

营养搭配原则　鸭的营养价值很高，富含蛋白质、脂肪、钙、磷、铁、烟酸和维生素 B1、维生素 B2，是滋补的好食物哦。

☆鸭腿烧冬瓜☆

【原料】　鸭腿，冬瓜，生姜，料酒，蒜，花椒，干辣椒，糖，葱，盐，胡椒粉，红烧汁。

【制作】

1. 将鸭腿放入冷水锅中，加入两片姜和少量的料酒焯一下，取出后将鸭腿清洗干净备用；
2. 锅中烧少量的油，下入焯过水的鸭腿煸炒；微微发焦时下入姜片、大蒜瓣、花椒和干辣椒一起煸炒出香味；
3. 加入红烧汁和少量的糖煸炒鸭腿，让鸭腿完全煸炒上色后，加入冬瓜块；
4. 继续翻炒，这时可以加入点料酒、小葱段、没过材料的水；
5. 加盖，大火煮开，转为小火，焖 15 分钟，再加入盐、胡椒粉等调味料，搅拌均匀后大火收汁即可。

晚餐

营养搭配原则　话梅搭配肉排，开胃美味又营养。

☆话梅肉排☆

【原料】　精肋排，话梅，葱，姜，食盐，砂糖。

【制作】

1. 姜葱起锅，翻炒排骨至半熟；
2. 加入泡开了的话梅，放入清水和食盐、砂糖，闷盖15分钟即可。

早餐

营养搭配原则　红枣不但是美味果品，还是滋补良药，有强筋壮骨、补血行气、滋颐润颜之功效。

☆红枣蛋糕☆

【原料】　鸡蛋，无核小枣，牛奶，黄油，白糖，红糖，低筋面粉。

【制作】

1. 无核小枣加牛奶提前泡一会儿至软，放入搅拌机搅碎；
2. 黄油室温放软，切小粒，加红糖、白糖稍微打发；
3. 放入鸡蛋继续打匀，放入搅碎的枣，加剩余的牛奶拌匀；
4. 筛入低筋面粉，继续切拌，不要画圈，以免起筋；
5. 盛入小纸杯里即可；
6. 烤箱预热160度，小纸杯烤20分钟，大纸杯烤40—50分钟即可。

午餐

营养搭配原则　排骨除含蛋白、脂肪、维生素外，还含有大量磷酸钙、骨胶原、骨粘蛋白等，具有滋阴壮阳、益精补血的功效。

☆红烧青椒排骨☆

【原料】 排骨，青椒，花椒，蒜，葱，酱油，烧酒。

【制作】

1. 排骨切块，焯水备用；
2. 热锅下油，放花椒、蒜片、葱段炒香，然后放入排骨翻炒；
3. 加入清水，倒入酱油和烧酒，闷盖煮半小时；
4. 待排骨入味后，收汁，加入青椒即可食用。

☆面筋汤☆

【原料】 面粉，黄豆，鸡蛋。

【制作】

1. 面粉调制成水调面团，静止放置，待面团中的淀粉、麸皮等成分分离出去后成为面筋；
2. 烧沸水，加黄豆、打散的鸡蛋，倒入面筋煮成糊状，至熟，即可调味食用。

晚餐

营养搭配原则　核桃果肉中的钙、镁、磷及锌、铁含量十分丰富，配合鸡肉蛋白和氨基酸，对儿童生长很有益处。

☆核桃鸡片☆

【原料】 鸡肉，核桃仁，青椒，洋葱，蛋清，淀粉，胡萝卜。

【制作】

1. 鸡肉切片，洋葱、青椒切小块，胡萝卜切片；
2. 鸡肉和蛋清、淀粉及调味料一起拌匀；
3. 热锅下油，翻炒核桃仁后加入鸡块爆炒，拌入洋葱和胡萝卜以及调味料，炒熟炒香即可。

第二周
蛋黄羹，有新招

早餐

营养搭配原则　芡实和红枣、糯米搭配能补脾益气，收敛止泻，适用于脾虚慢性结肠炎。

☆芡实红枣糯米粥☆

【原料】　芡实，红枣，糯米。

【制作】

1. 先将芡实用温水浸泡 2 小时；
2. 浸泡后的芡实与红枣、糯米同放入锅中，加水煮成稠粥，即可食用。

午餐

营养搭配原则　菜花的维生素 C 含量极高，搭配牛肉不但有利于孩子的生长发育，还能提高人体机体免疫功能。

☆萝卜炖牛肉☆

【原料】　牛肉，白萝卜，生姜。

【制作】

1. 牛肉切片，白萝卜切片；
2. 热锅下油，放入生姜片，翻炒牛肉；
3. 在锅中放入白萝卜，加清水，小火焖 30 分钟，即可调味。

☆炒花菜☆

【原料】　花菜，蒜。

【制作】

1. 花菜切块，蒜头剁成蓉；
2. 蒜蓉起锅，放入花菜翻炒至半熟，加清水，闷盖煮 15 分钟即可。

晚餐

营养搭配原则　鸡肝含有丰富的蛋白质、钙、磷、铁、锌及维生素 A、维生素 B1、维生素 B2 等多种营养素，特别适合宝贝食用。

☆鸡肝糊☆

【原料】　鸡肝，鸡架汤，酱油，蜂蜜。

【制作】

1. 将鸡肝放入水中煮，除去血后再换水煮 10 分钟，取出剥去鸡肝外皮，将肝放入碗内研碎；
2. 将鸡架汤放入锅内，加入研碎的鸡肝，煮成糊状，加入少许酱油和蜂蜜，搅匀即成。

早餐

营养搭配原则　桂圆、莲子营养丰富，有补血安神、健脑益智、补养心脾的功效，是健脾长智的传统食物。

☆桂圆莲子粥☆

【原料】　圆糯米，桂圆肉，莲子，红枣，冰糖。

【制作】

1. 先将莲子洗净，红枣去核，圆糯米洗净，浸泡在水中；
2. 莲子与圆糯米加600毫升的水，小火煮40分钟，加入桂圆肉、红枣再熬煮15分钟，加冰糖，即可食用。

午餐

营养搭配原则　豆泡低胆固醇，低钠盐，低饱和脂肪酸，富含维生素E、磷、钾、铁、蛋白质，搭配烧肉解腻又营养。

☆豆泡烧肉☆

【原料】　豆泡，五花肉。

【制作】

1. 热锅放入五花肉，爆烧出油；
2. 放入豆泡，翻炒加入调味料；
3. 加入清水，闷盖煮30分钟。

☆西洋菜猪骨汤☆

【原料】　猪骨，西洋菜，蜜枣。

【制作】

1. 猪骨过水后，加水小火煲40分钟左右；
2. 下蜜枣，西洋菜洗净，大的用手掰短，整条也行，放入汤中；
3. 转小火煮20分钟落盐，蜜枣不要放多了，汤里有淡淡的若有若无的一丝甜味才好喝。

晚餐

营养搭配原则　鸡肝含丰富的蛋白质、钙、磷以及多种维生素，对孩子的骨骼生长发育甚为有利。

☆鸡肝猪腿黄芪汤☆

【原料】　新鲜鸡肝，猪腿骨，黄芪，五味子。

【制作】

1. 将鸡肝切成片备用；
2. 将猪腿骨打成碎片状与黄芪、五味子一起放进砂锅内，加清水，先用大火煮沸后，改为文火煮1小时，再滤去骨渣和药渣；
3. 将鸡肝片放进已煮好的猪骨汤内煮熟，按口味加调料，待温后吃鸡肝喝汤。

早餐

营养搭配原则　面包加红豆，增强淀粉质吸收，让孩子身体强健。

☆豆沙包☆

【原料】　面粉，酵母，红豆，糖。

【制作】

1. 红豆煮熟去皮，拌入糖分，磨成红豆沙；
2. 面粉发酵揉成条，切成均匀大小的面团；
3. 面团擀成圆形；
4. 取红豆沙包在中间，捏成包子；
5. 大火蒸约 15 分钟即可。

午餐

营养搭配原则　香菇有润肠胃、生津液、补肾气、解热毒的功效。

☆香菇蛋汤☆

【原料】　猪肉，胡萝卜，香菇，鸡蛋，葱花。

【制作】

1. 猪肉剁碎成肉末，胡萝卜切粒，香菇切粒，鸡蛋打散；
2. 大锅中加入清水煮沸，水沸后加入肉末，胡萝卜粒和香菇粒等材料，闷盖煮一个半小时；
3. 待食材烂熟之后，加入打散了的鸡蛋，搅匀煮沸，撒上葱花，即可调味食用。

☆卤肉面☆

【原料】　鸡蛋面，青菜，卤肉，料酒，盐。

【制作】

1. 锅内烧开水，加入小菜以及面条，倒入少许料酒以及盐，继续煮开；
2. 待青菜和面条熟后，捞出铺上卤肉即可食用。

晚餐

营养搭配原则　晚上吃蒸水蛋，不仅利于吸收，而且容易消化。

☆蒸水蛋☆

【原料】　鸡蛋，葱，香油，生抽。

【制作】

1. 鸡蛋加调味打散，加入温开水再打散泡，除去浮在面层的泡；
2. 把蛋液倒在盛器中，盖上盖，蒸 5 分钟至熟，关火虚蒸几分钟，撒葱花，淋少许香油及生抽即可。

早餐

营养搭配原则　白菜肉包，有菜有肉，有助减轻胃部压力，促进消化。

☆白菜肉包☆

【原料】　香菇，白菜，肉末，生姜。

【制作】

1. 肉末、大白菜、香菇加入姜末、调料再加一个鸡蛋腌制成馅料；
2. 面粉错成面团，发酵；
3. 发酵好的面团切成小段，压扁擀圆，包入馅料；
4. 隔水蒸 20 分钟即可。

午餐

营养搭配原则　紫菜含的铁是造血所必需的营养素，鸡肉所含的蛋白质能为此提供必需养分。

☆宫保鸡丁☆

【原料】　鸡肉，黄瓜，胡萝卜，花生，豆瓣酱，干辣椒，蒜，葱。

【制作】

1. 用清水发泡花生，去衣后，热锅下油翻炒至焦香，装起来待用，黄瓜切丁，胡萝卜切丁；
2. 鸡肉切成丁后，加入豆瓣酱等调味料腌制 1 小时；
3. 锅热下油，加入干辣椒和蒜，倒入鸡丁爆炒；
4. 鸡丁爆炒至入味，即可加入黄瓜、胡萝卜、花生米和葱段，调味即可食用。

☆紫菜蛋汤☆

【原料】　紫菜，虾皮，鸡蛋，料酒。

【制作】

1. 将紫菜洗净，用水泡开；
2. 鸡蛋打散搅匀成蛋液；
3. 虾皮洗净，加料酒浸泡 5 分钟；
4. 热锅下油，放入清水，加入紫菜和虾皮，闷盖煮 20 分钟；
5. 待紫菜烂熟之后，倒入蛋浆，即可调味食用。

晚餐

营养搭配原则　牡蛎含丰富微量元素，对孩子发育非常有好处。

☆牡蛎肉天使面☆

【原料】　牡蛎肉，天使面，意大利番茄酱，罗勒。

【制作】

1. 油锅爆香罗勒，加入牡蛎肉和意大利番茄酱，调味备用；
2. 煮好的天使面捞出，加上煮好的酱，拌匀即可。

早餐

营养搭配原则　鸡蛋含有优质蛋白，加上蛋黄里的磷、脂等，有助营养吸收。

☆蛋黄羹☆

【原料】　鸡蛋黄，肉汤，精盐。

【制作】

1. 将熟蛋黄放入碗内研碎，并加入肉汤研磨至均匀光滑；
2. 将研磨好的蛋黄放入锅内，加入精盐，边煮边搅拌混合，熟后即可食用。

午餐

营养搭配原则　富含蛋白质的牛肉和富含维生素的蔬菜混搭，打造出不一样的营养美味。

☆滑溜牛肉片☆

【原料】　牛肉，竹笋，木耳，青红椒，蛋清，淀粉，盐，料酒，鸡精，葱，生姜，蒜。

【制作】

1. 牛肉洗净，切成薄片，用蛋清、淀粉、盐上浆；
2. 青红椒去蒂、去籽洗净，切成菱形片；竹笋洗净切片；水发木耳择洗干净，撕成小片；葱、姜、蒜分别择洗干净，切片；

3. 锅内添清水，加热至微沸时，将肉片放入滑熟，捞出备用；
4. 葱、姜、蒜炒出香味，放青红椒片、竹笋片，炒至断生，再放入木耳、肉片、盐、料酒、鸡精翻炒均匀，装盘。

☆菠菜汤☆

【原料】　高汤，生姜，菠菜。

【制作】

1. 菠菜切段，焯水；
2. 热锅下油，爆炒生姜片，加入高汤、菠菜，待汤开后即可。

晚餐

营养搭配原则　杂锦蛋丝，营养丰富，有助于身体的生长，并保护肠胃黏膜。

☆杂锦蛋丝☆

【原料】　鸡蛋，青椒，干香菇，胡萝卜，盐，味精，水淀粉，麻油。

【制作】

1. 将鸡蛋蛋清、蛋黄分别打入两个容器内，打散后加入少许水淀粉打匀；
2. 再分别放入涂油的方盘中，入锅隔水蒸熟；
3. 冷却后取出，分别切成蛋白丝和蛋黄丝；
4. 干香菇用温水浸泡变软，青椒洗净挖去籽，胡萝卜洗净，分别切成丝；
5. 炒锅中加油，放入胡萝卜丝、香菇丝、青椒丝，煸炒至熟，放入蛋白丝和蛋黄丝，加入盐、味精，翻炒均匀，淋入麻油即成。

第三周
咬一口营养三明治

早餐

营养搭配原则　小馄饨是猪肉和紫菜等馅料的混合，营养丰富，容易入口。

☆小馄饨☆

【原料】　馄饨皮，猪肉，紫菜，鸡蛋，虾皮，胡椒粉，盐，料酒，鸡精，生姜，葱。

【制作】

1. 猪肉剁碎，放入盐、料酒、胡椒粉等料腌制半个小时；
2. 在猪肉末中放入切碎的姜葱和鸡蛋，搅拌均匀；
3. 将搅拌好的馅料放入冰箱，冷却半个小时；
4. 热锅下油，往锅壁倒入打散的鸡蛋液，香煎成蛋皮；
5. 将蛋皮切丝，拌入紫菜、虾皮、盐、鸡精、胡椒粉等材料；
6. 将上述材料放入锅中，加入清水，煮成汤底；
7. 此时取出馅料，包成馄饨，放入汤底中煮10分钟，即可调味食用。

午餐

营养搭配原则　三明治包含鸡肉和多种蔬菜，含有丰富铁、钙、磷、胡萝卜素。

☆木须肉☆

【原料】　猪瘦肉，鸡蛋，干木耳，黄瓜，葱，生姜。

【制作】

1. 猪瘦肉切丝，鸡蛋打散，木耳切块，黄瓜切段，葱、姜切成丝；
2. 炒锅加油，加入鸡蛋炒散，将肉丝放入煸炒，再加入葱、姜丝同炒，至八成熟时，加入木耳、黄瓜和鸡蛋块同炒，即可调味食用。

☆鸡排三明治☆

【原料】　吐司片，鸡胸肉，鸡蛋，沙拉酱，生菜叶，番茄，面包糠。

【制作】

1. 鸡胸肉切成两片，用刀背将肉拍松加调味料腌制；
2. 鸡蛋打散，将腌制好的鸡胸肉涂上蛋液，裹一层面包糠，煎成金黄色；
3. 取出煎好的鸡排，番茄切片；
4. 将生菜叶、鸡排、番茄、沙拉酱、吐司片组合成三明治即可。

晚餐

营养搭配原则　苹果和莲藕搭配，健脾补血，解毒消肿，有助于孩子强身健体。

☆鲜果藕粉☆

【原料】　藕粉，苹果。

【制作】

1. 将藕粉加水调匀，苹果去皮，切成极细的末；
2. 将小锅置火上，加水烧开倒入调匀的藕粉，用微火慢慢熬煮，边熬边搅动，熬至透明，最后加入切碎的苹果，稍煮即成。

早餐

营养搭配原则　小米能健脾开胃，配合有助消化的陈皮，对孩子身体好。

☆陈皮小米粥☆

【原料】　陈皮，小米。

【制作】

1. 小米下锅煮成稀粥；
2. 陈皮泡软，切丝；
3. 将陈皮加入小米粥中，煮 1 小时即可调味食用。

午餐

营养搭配原则　八宝粥营养丰富，具有强化血管、肌肉、肌腱的功能。

☆肉末西葫芦☆

【原料】　西葫芦，瘦肉，生姜，蒜，淀粉。

【制作】

1. 西葫芦切粗丝，瘦肉剁蓉，生姜、大蒜切碎；
2. 西葫芦丝中加入少许淀粉拌匀；
3. 热锅下油，将姜葱和肉末爆炒 5 分钟，然后加入西葫芦丝，翻炒至熟，即可调味食用。

☆八宝粥☆

【原料】 大米，大豆，玉米，银耳，大枣，莲子，枸杞，蜂蜜。

【制作】

1. 用大米煮成稀粥；
2. 银耳、莲子、大豆和枸杞泡软；
3. 将全部材料放入粥中煮 1 小时，根据个人口味放入蜂蜜即可食用。

晚餐

营养搭配原则 蔬菜小杂炒，含生长发育所需的多种营养，并可改善宝贝消化不良症状。

☆蔬菜小杂炒☆

【原料】 土豆，蘑菇，胡萝卜，黑木耳，山药，盐，水淀粉，芝麻油，味精。

【制作】

1. 先将所有的原料切成片，待用；
2. 把洗干净的炒锅放在炉火上，放入少许油，等烧热后放入胡萝卜片、土豆片和山药片，煸炒片刻，再放入清水；
3. 烧开后，加入蘑菇片、黑木耳和少许盐，烧至原料酥烂，加一点点味精，然后用水淀粉勾芡，再淋上少许芝麻油即成。

早餐

营养搭配原则　酸甜果酱搭配中式面包，新鲜美味。

☆果酱包☆

【原料】　面粉，酵母，果酱。

【制作】

1. 按照做包子的程序发好面粉，分出剂量；
2. 以果酱为馅，包好包子后上锅蒸 15 分钟即可。

午餐

营养搭配原则　香菇油菜配合营养易消化的鸡丝龙须面，有利于孩子骨骼生长。

☆香菇油菜☆

【原料】　鲜香菇，油菜。

【制作】

1. 热锅下油，翻炒油菜至六七成熟；
2. 香菇下锅翻炒，放入调味料，继续翻炒，待香菇熟透，将油菜放入锅中一起翻炒几下即可。

☆鸡丝龙须面☆

【原料】　鸡，菠菜，龙须面，食盐，麻油。

【制作】

1. 用水将鸡煮熟，鸡肉手撕成丝状，鸡骨头用来熬汤，鸡汤要加入食盐调味；
2. 菠菜洗净，用沸水烫熟；
3. 放水煮面，煮好捞入碗中浇上鸡汤；
4. 鸡丝可用麻油翻炒至香味溢出，将鸡丝和菠菜放入面碗中即可。

晚餐

营养搭配原则　动物肝脏中还具有一般肉类食品不含的维生素 C 和微量元素硒，能增强孩子的免疫力。

☆肝泥肉泥☆

【原料】　猪肝或牛肝、鸡肝，瘦肉，盐。

【制作】

1. 将肝和猪肉洗净，去筋，放在砧板上，用不锈钢汤匙按同一方向以均衡的力量刮，制成肝泥、肉泥；
2. 将肝泥和肉泥放入碗内，加入少许冷水和少许盐搅匀，上笼蒸熟即可食用。

早餐

营养搭配原则　猪扒面线能为宝贝提供所需的能量和营养。

☆猪扒面☆

【原料】　猪扒，面线，豆腐，海藻，味增。

【制作】

1. 海藻用清水浸软后洗净，豆腐切粒；
2. 猪扒洗净后抹干水，然后用盐和黑胡椒粉腌制 2 小时；
3. 锅内放水，水开后加入海藻和豆腐，煮沸后加入味增，煮 10 分钟；
4. 锅内放少量油，烧热后加入猪扒煎至两面金黄盛出；
5. 取另一锅，水开后加入面线，煮沸后捞起放入已装有汤底的碗中，放上猪扒即可。

午餐

营养搭配原则　清爽的荷兰豆搭配蔬菜酸奶沙拉，高蛋白的午餐为孩子提供充足热量。

☆清炒荷兰豆☆

【原料】　荷兰豆，葱，生姜，蒜，食盐。

【制作】

1. 姜蒜切片，葱切段；
2. 荷兰豆洗净，去蒂，用沸水将荷兰豆焯熟；
3. 热锅下油，放入姜、葱、蒜，炒出香味；
4. 放入焯熟的荷兰豆，加入食盐调味即可。

☆蔬菜酸奶沙拉☆

【原料】　时令新鲜蔬菜，酸奶。

【制作】

1. 蔬菜洗净，切丝，用开水烫熟；
2. 处理好的蔬菜放在一个大盘内，加入酸奶拌匀即可。

晚餐

营养搭配原则　蔬菜、肉和米饭同炒，除了卖相吸引，更包含丰富营养。

☆咸肉鸡蛋炒饭☆

【原料】　米饭，鸡蛋，咸肉，青豆，生姜，葱，青椒，胡椒粉，料酒，菜油，盐。

【制作】

1. 将青椒、咸肉、姜、葱切粒，青豆解冻滤水、蛋打散，再开锅，锅热加 1 汤匙左右的油，倒入咸肉炒香，盛起；
2. 用另一锅将青豆焯水；
3. 在炒过咸肉的锅里加 1 汤匙菜油，倒入姜粒，爆香；
4. 倒入白饭，用勺或锅铲捣散，把饭炒热；
5. 均匀地注入蛋液，然后迅速翻均匀，放入盐，再撒少许胡椒粉和料酒，兜匀；
6. 倒入青豆和咸肉粒，翻炒几下，倒入青椒粒，兜几下；
7. 倒入葱粒，熄火，再快速翻炒几下，即可食用。

营养搭配原则 糯米鸡是滋补佳品，能缓解脾胃虚寒和尿频等症状。

☆糯米鸡☆

【原料】 新鲜荷叶，糯米，鸡肉，白果，板栗。

【制作】

1. 先将糯米蒸熟；
2. 鸡肉切成鸡丁爆炒入味；
3. 白果和板栗先用白水煮熟；
4. 取出蒸好的糯米，放入鸡丁、白果和板栗，加调味料，包在荷叶内上锅蒸30分钟即可。

营养搭配原则 秋冬进补，鸡汤有助提高免疫力，帮助孩子预防感冒。

☆萝卜粉丝汤☆

【原料】 白萝卜，粉丝。

【制作】

1. 粉丝先用湿水泡软，萝卜切丝待用；
2. 热锅下油，放水烧开，把萝卜、粉丝一同入锅中，闷盖煮熟，即可调味食用。

☆芹菜肉丝☆

【原料】 鲜猪肉，芹菜，豆腐干，葱，生姜。

【制作】

1. 猪肉洗净切成细丝；
2. 嫩芹菜洗净，切成段；
3. 热锅下油，放入葱花、生姜和豆腐干爆炒；
4. 放入芹菜，调味，炒至芹菜熟透即可。

晚餐

营养搭配原则 果酱薄饼，营养好，味道好，刺激食欲，帮助消化。

☆果酱薄饼☆

【原料】 面粉，鸡蛋，牛奶，果酱，黄油，精盐。

【制作】

1. 将面粉放入碗内，打入鸡蛋，搅拌均匀，再加入精盐和化开的黄油、牛奶搅匀，饧20分钟成面糊；
2. 将小锅置火上烧热，放入面糊摊开，熟后涂上果酱即可。

第四周 超级创意的米饭布丁

周一

早餐

营养搭配原则　三丝炒面卖相好，营养足，作为早餐除了提供营养，还能促进孩子的食欲。

☆三丝炒面☆

【原料】　面条，鸡蛋，胡萝卜丝，火腿肉丝，豆芽。

【制作】

1. 水开以后煮面条6分钟左右捞出；
2. 起油锅，先下胡萝卜丝、火腿肉丝、豆芽炒香，加入所有的调料，煮开后加入面条拌炒均匀即可；
3. 鸡蛋煎成荷包蛋，加入荷包蛋装盘上桌。

午餐

营养搭配原则　炒三丁中的羊肉味甘而不腻，性温而不燥，具有补肾、暖中祛寒、温补气血、开胃健脾的功效，秋冬吃羊肉，既能抵御风寒，又可滋补身体。

☆炒三丁☆

【原料】　羊肉，黄瓜，冬笋，鸡蛋，淀粉，砂糖，生姜，葱。

【制作】

1. 羊肉切丁，黄瓜切丁，冬笋切丁；
2. 打散鸡蛋，加入淀粉、砂糖等调味料，拌好羊肉丁；
3. 热锅下油，姜葱起锅，翻炒冬笋和黄瓜至半熟，加入羊肉丁，炒熟即可调味食用。

☆虾仁豆腐☆

【原料】　豆腐，虾仁，鸡蛋，水淀粉，白糖，酱油，盐，葱。

【制作】

1. 虾仁去除肠线，洗净，沥干水分；
2. 鸡蛋打散，放入虾仁搅拌均匀；
3. 豆腐放入沸水中煮3分钟，捞起沥干水分，切小块；
4. 油锅烧热，炝香葱末，加白糖、酱油调味，倒入肉汤大火煮沸，再放豆腐、虾仁煮熟，加盐调味，用水淀粉勾芡即可食用。

晚餐

营养搭配原则　猪扒不仅营养丰富，也是儿童都爱的食品。

☆茄汁猪扒饭☆

【原料】　猪扒，牛油，米饭，洋葱，茄膏，上汤，面粉，牛油。

【制作】

1. 猪扒拍松，加调味拌匀，拍上少许面粉，以中火油炸至金黄备用；
2. 烧热油，将米饭炒匀，用盘子盛起，猪扒放在饭上；
3. 牛油起锅，炒香洋葱加入面粉、茄膏及上汤和汁调味拌匀；
4. 把所有材料炒熟后，淋在猪扒上，即可食用。

早餐

营养搭配原则　西红柿内的苹果酸和柠檬酸等有机酸，有增加胃液酸度、帮助消化、调整胃肠功能的作用，是营养早餐的不二之选。

☆西红柿鸡蛋面☆

【原料】　面条，鸡蛋，西红柿。

【制作】

1. 将西红柿洗干净切碎；
2. 起锅放油煸炒西红柿，将西红柿炒出汁直到成西红柿酱；
3. 开始锅内添水，水开放面条，鸡蛋打散倒入汤中，水开后收火即可。

午餐

营养搭配原则　青菜、豆腐和西红柿均含多种维生素，是物美价廉的佳蔬。

☆青菜蘑菇☆

【原料】　鲜蘑菇，青菜。

【制作】

1. 将蘑菇和青菜洗净切片；
2. 热锅下油，放入蘑菇翻炒至软后加入青菜，在加入调味料翻炒，关火即可食用。

☆青菜豆腐汤☆

【原料】　豆腐，青菜，虾皮，生姜，蒜，高汤。

【制作】

1. 姜蒜切片，虾皮洗净沥干水分，青菜切段，嫩豆腐切小块；
2. 热锅下油，爆香姜片、蒜片，放虾皮翻炒；
3. 放入豆腐，加入高汤，大火煮 5 分钟；
4. 开盖加入青菜，大火煮 1 分钟后调味食用。

晚餐

营养搭配原则　米饭换一种吃法，加入牛奶和鸡蛋，营养更全面。

☆米饭布丁☆

【原料】　鸡蛋，米饭，全脂牛奶，葡萄干，白砂糖，牛油，桂皮粉。

【制作】

1. 鸡蛋磕在碗里打散；
2. 锅中倒入米饭、牛奶、葡萄干和白砂糖搅匀，用小火焖 5 分钟，冷却后倒入蛋液搅拌；
3. 在布丁碗中涂上牛油，倒入拌好的米饭蛋液；
4. 放入微波炉中高火加热 4 分钟；
5. 取出稍微晾凉一点，在布丁表面撒上桂皮粉即可。

早餐

营养搭配原则　蔬菜与香肠，能为宝贝的一天提供充足的热量和营养。

☆蔬菜香肠面☆

【原料】　螺旋意大利面，小香肠，橄榄油，生菜叶，洋葱，胡萝卜。

【制作】

1. 将螺旋意大利面依照外包装说明煮熟后，用冷水冲凉，再拌上少许橄榄油备用；
2. 小香肠用少许油煎熟，生菜叶、洋葱、胡萝卜都切成细丝，泡在冰水中 5 分钟，捞起沥干水分备用；
3. 将所有食材、螺旋意大利面及调味料拌匀，盛入盘中，即可上桌食用。

午餐

营养搭配原则　银耳搭配莲子和青瓜、鸡蛋含丰富优质蛋白和多种矿物质维生素。

☆青瓜炒鸡蛋☆

【原料】　青瓜，鸡蛋，香肠。

【制作】

1. 青瓜和香肠切片，蒜切碎，鸡蛋打散搅匀；
2. 热锅下油，翻炒鸡蛋至半熟，下青瓜片和脆皮肠炒至熟，即可调味食用。

☆莲子银耳粥☆

【原料】　银耳，莲子，冰糖，枸杞，红枣。

【制作】

1. 银耳、莲子提前用清水泡发开；
2. 开水煮莲子和银耳起码半个小时；
3. 煮至银耳和莲子熟烂浓稠，加入枸杞、红枣、冰糖，再慢火炖 10 分钟即可。

晚餐

营养搭配原则　鸡腿含丰富蛋白质营养丰富、肉味甘美。

☆炸鸡腿☆

【原料】　鸡腿，鸡蛋，淀粉，油，料酒，味精，盐，食葱，生姜，椒盐。

【制作】

1. 将生鸡腿剖开，骨成柄，用刀尖将筋切断，穿成无数小孔浸入料酒、味精、食盐和切成块状的葱、生姜中，腌 2 小时左右；
2. 将浸好的鸡腿抖掉葱、姜，蘸上用蛋清、湿淀粉搅成的浓糊；
3. 待锅中油热，用旺火约炸 15 分钟，呈金黄色时捞出，蘸椒盐食用即可。

周四

早餐

营养搭配原则　肉肠粉营养丰富，美味可口，容易消化。

☆肉肠粉☆

【原料】　猪肉，黏米粉，玉米淀粉，生姜，盐，胡椒粉。

【制作】

1. 猪肉加少量盐、胡椒粉、姜末腌制半小时；
2. 用黏米粉、玉米淀粉混合，制成米浆；
3. 取一平底盘加入米浆，在粉皮上放上猪肉末等馅料；
4. 将粉皮隔水蒸 3 分钟，卷起即可食用。

午餐

营养搭配原则　黄豆被称为软黄金，富含植物蛋白、大豆卵磷脂、多种氨基酸，具有补钙、养颜功效。牛奶和鱼配合在一起，软糯又营养美味。

☆黄豆炒火腿肠☆

【原料】　黄豆芽，火腿肠。

【制作】

1. 生姜起锅，放入切了丁的火腿肠，翻炒；
2. 加入黄豆芽翻炒至熟，即可调味。

☆牛奶柠檬鱼☆

【原料】　银鳕鱼，牛奶，柠檬，面粉，淀粉，甜椒，盐，糖，生粉。

【制作】

1. 银鳕鱼宰杀干净，加盐腌渍片刻；生粉加面粉混合，放入银鳕鱼蘸上粉；
2. 锅内倒入油，银鳕鱼轻放入锅中，煎至黄色；
3. 锅里倒入牛奶、糖、盐、柠檬汁拌匀后，勾芡，放入甜椒，食用时淋在鱼身上即可。

晚餐

营养搭配原则　芋头和肉粉配合在一起，结合多种孩子成长过程中所需的营养。

☆芋球☆

【原料】　蒸肉粉，芋头，玉米粉，蒸肉粉，虾仁泥，胡萝卜，小黄瓜。

【制作】

1. 芋头蒸熟，捣成泥状加入玉米粉、蒸肉粉，再加上虾仁泥拌匀备用；

2. 把以上材料等分为相同 12 份，并沾上蒸肉粉做成球状；
3. 用小火炸成金黄色，利用胡萝卜、小黄瓜装饰即可上桌。

早餐

营养搭配原则　全麦馒头富含纤维和慢消化淀粉，能在大肠中促进有益菌的增殖。

☆全麦馒头☆

【原料】　全麦面粉，发酵粉。

【制作】

1. 将全麦面粉和发酵粉拌匀，加水揉成面团，盖上湿布发酵 2 小时；
2. 把发好的面团搓成长条，揪成小剂子，分别揉成小面团，做成馒头生坯；
3. 将馒头生坯放进蒸笼里蒸至水沸，再继续蒸 30 分钟即可。

午餐

营养搭配原则　腰果和胡萝卜含所需优质蛋白和氨基酸、维生素与矿物质。

☆彩肉丁☆

【原料】　瘦肉，青椒，红椒，红酱油，玉米粒，鸡精，盐，淀粉，料酒。

【制作】

1. 瘦肉切成小丁加入淀粉、盐、料酒腌上 10 分钟，青椒、红椒去蒂去籽切成小丁；
2. 烧油锅，七成热的时候把肉丁放入油锅里，用铲子翻炒，快熟时，加点红酱油翻炒熟，盛出备用；
3. 锅洗干净，烧热油，七成熟时加入玉米粒翻炒 2 分钟后，加青红椒翻炒；
4. 倒入炒好的肉丁炒匀，加入鸡精和盐调味即可。

☆扬州炒饭☆

【原料】　火腿，香肠，鸡蛋，米饭，胡萝卜，盐，酱油。

【制作】

1. 将火腿、香肠、胡萝卜等切粒；
2. 热锅下油，放入米饭翻炒至松散，加入鸡蛋翻炒；
3. 加入上述材料，一起翻炒至全部熟透，加点食盐和酱油翻炒，即可食用。

晚餐

营养搭配原则　竹笋含有碳水化合物、膳食纤维、维生素、铁、钾等营养成分，润肠通便、瘦身健体。

☆竹笋炒鸡片☆

【原料】　竹笋，鸡脯肉，盐，味精，水淀粉，红椒，生姜，食盐，葱，味精，香油。

【制作】

1. 竹笋洗净切条；鸡脯肉切条；
2. 加盐、味精、水淀粉腌制，红椒去籽切条待用；
3. 油入锅烧热，倒入鸡肉，滑油捞出；
4. 锅底留油，放姜丝、笋条、红椒条，撒盐炒至断生，放鸡肉、葱段、味精炒透，水淀粉勾芡，淋入香油即成。

第八章 十二月，餐桌上给孩子更多的营养与创意

十二月，天已经很冷了，但有漫天飘雪的浪漫，还有孩子们最期待的圣诞节。因此我们不妨烤火腿，配上熏肉，让孩子们感受节日的热闹。比如将腊肠切粒，撒在米饭上煮好，一碗腊肠香饭就是给孩子最好的礼物了。寒假的一月即将来到，过年走亲访友自然少不了，也许因此爸爸妈妈难得在家给宝贝做一次饭，但饮食一定要注意驱寒，可以多吃卷心菜、韭菜等。鳕鱼是这个季节的时令食物，而且鳕鱼肉质丰富、骨头少，多吃对孩子身体好。

第一周
最有“料”的八宝粥

早餐

营养搭配原则　猪肉松蛋白质含量高，干软酥松，易于消化。

☆肉松饼☆

【原料】　面粉，鸡蛋，肉松，食盐，葱，花生酱。

【制作】

1. 面粉与鸡蛋搅拌成糊状，放入食盐和葱花调味；
2. 热锅下油，煎香面糊的两面；
3. 把肉松铺在面上，卷好后涂花生酱，粘住面饼缝合处；
4. 将卷好的饼放回锅里，煎 1、2 分钟，即可切段食用。

午餐

营养搭配原则　健脾养胃、益气安神的豆腐羹搭配素炒大白菜，有助营养吸收。

☆素炒大白菜☆

【原料】　大白菜，蒜。

【制作】

1. 大白菜切段，蒜剁成蒜蓉；
2. 热锅下油，爆炒蒜蓉和大白菜至熟，即可调味食用。

☆豆腐羹☆

【原料】　豆腐，鸡蛋，淀粉。

【制作】

1. 豆腐切丁，鸡蛋打散；
2. 锅中加入清水煮沸，加入淀粉水勾芡，让水变浓稠；
3. 鸡蛋液边倒入锅中边搅拌，最后加入豆腐煮熟即可调味食用。

营养搭配原则　马铃薯配牛腩，香浓味美，烩滑可口，含蛋白质和碳水化合物比较高，适合孩子食用。

☆马铃薯焖牛腩☆

【原料】　牛腩，马铃薯，生姜，蒜，绍酒，盐，味精，白糖，八角，酱油，淀粉，胡椒粉，包尾油。

【制作】

1. 先将刮去皮的马铃薯洗净切块，再将开水滚过的牛腩切块；
2. 烧锅放多些油，待油烧至六成热把马铃薯放入炸至熟透，倒在笊篱里；
3. 利用锅中余油，将姜、蒜蓉、牛腩放在锅中爆透，加入绍酒，用精盐、味精、白糖、八角调味，用深色酱油调色，加盖煲煸至九成热；
4. 加入马铃薯，用湿淀粉打芡，加上胡椒粉、包尾油，拌匀上碟即成。

营养搭配原则　杏仁有补脑益气的功效，帮助孩子提升大脑动力。

☆杏仁酥☆

【原料】　杏仁，鸡蛋，低筋面粉，泡打粉，小苏打，糖。

【制作】

1. 将一半的低筋面粉放入烤盘，下火 180 度，烤 15 分钟后放凉备用；
2. 在烤过的面粉和剩下的面粉上，加上糖、小苏打粉和泡打粉均匀搅拌再过筛；
3. 将面粉搓成均匀的松散状，加入全蛋；
4. 将面团放在保鲜膜内松弛半个小时；
5. 取小块面团揉成圆球状后放入烤盘上，轻按成小饼状；
6. 刷一层全蛋液，在表面放上杏仁；
7. 放入烤箱，180 度，上下火烤 20 分钟即可。

午餐

营养搭配原则　冬菇营养丰富，马蹄清热解毒，配合蛋白质丰富的猪肉，做成酿冬菇，营养美味挡不住。

☆百花酿冬菇☆

【原料】　干冬菇，马蹄，猪肉，味精，生粉，葱，绍酒，生姜，盐，上汤，蚝油，味精，包尾油，菜心。

【制作】

1. 马蹄去皮洗净剁成碎粒，猪肉洗净后剁烂，加入味精、生粉、精盐少许，再加一匙羹水拌匀挞至起胶，然后加入马蹄碎粒及葱花拌匀备用；
2. 冬菇洗净、去蒂，加绍酒、姜葱，蒸熟后去水备用，把菜心洗好，用放生油和盐的开水中焯至熟，捞起滤干水备用；
3. 将冬菇反底放在菜碟上，蘸上干生粉，再把肉胶分放在冬菇上贴紧，入笼用大火蒸至熟，连碟取出，放上焯好的菜心，然后加上汤、蚝油、味精、湿生粉打芡，加包尾油拌匀，淋在冬菇与菜心上即成。

☆赤豆莲心血糯粥☆

【原料】　赤豆，莲心，血糯米，粳米，冰糖。

【制作】

1. 将赤豆、莲心洗净煮酥；血糯米与粳米分别洗好后浸泡待用；
2. 锅中水旺火烧开后，加入血糯米，再旺火烧开 5 分钟，改用小火煮 15 分钟，然后加粳米烧至酥烂，再加入煮酥的赤豆和莲心一并烧煮，最后加冰糖溶化即可。

晚餐

营养搭配原则　黄瓜和海米同炒味道特别鲜美，搭配水果鸡蛋，开胃好消化且营养丰富。

☆海米黄瓜☆

【原料】　黄瓜，海米，小葱，白米醋，白糖，香油。

【制作】

1. 黄瓜切条，海米焯水沥干；
2. 将腌过的黄瓜条中的水倒掉，和处理过的海米一同放入盘中；
3. 小葱切细碎，放入热油中炸出香味，滤掉焦黄的葱碎末，将热油趁热淋到海米和黄瓜条上；
4. 最后滴入几滴白米醋，加半茶勺白糖，淋上少许香油，拌匀后即可装盘食用了。

早餐

营养搭配原则　八宝粥既有强身健体的作用，又有抗癌防癌的作用。

☆八宝粥☆

【原料】　大豆，玉米，银耳，大枣，香菇，莲子，枸杞，蜂蜜，大米。

【制作】

1. 将大米煮成稀粥；
2. 银耳、莲子、大豆和枸杞泡软；
3. 将全部材料放入粥中煮一个小时，根据个人口味放入蜂蜜即可食用。

午餐

营养搭配原则　虾仁配土豆丝，丰富蛋白质、脂肪和纤维素，有助消化吸收。

☆虾仁盅☆

【原料】　鲜虾仁，土豆丝，番茄酱，盐，胡椒粉，料酒，鸡汤，香油。

【制作】

1. 土豆丝装入模具炸成土豆盅；
2. 虾仁加盐、胡椒粉等调料放入五成热油中；
3. 番茄酱下油锅炒至鲜红色，下一半虾仁，勾芡后装入土豆盅内；
4. 另一半虾仁下油锅，佐以料酒、鸡汤，调好味后淋香油装在盘中央即成。

☆冬瓜烧鸡☆

【原料】　冬瓜，鸡腿肉，青红椒，生姜。

【制作】

1. 冬瓜切片，鸡腿剁块；
2. 姜丝起锅，冬瓜翻炒，倒入鸡块翻炒上色，放入青红椒，倒入清水，翻炒 15 分钟。

晚餐

营养搭配原则　肉菜均衡的面条对增强体格有着特别功效。

☆大肉面☆

【原料】　宽条面，红烧肉，生姜，葱，木耳，香菇。

【制作】

1. 将宽条面煮熟，过冷水；
2. 炒锅上火烧热，下油，放入红烧肉、姜葱爆香，加调味料；
3. 放入木耳、香菇片等，加入面条稍煮 2 分钟即可。

早餐

营养搭配原则　水煎包含有猪肉和面粉的营养成分，加入促进肠胃蠕动的白菜，能更好地帮助孩子吸收营养。

☆水煎包☆

【原料】　面粉，猪肉，白菜。

【制作】

1. 面粉搅拌发酵成面团，擀成剂子；
2. 猪肉和白菜剁烂，加入调味料做成馅料；
3. 将馅料放入剂子中，隔水蒸 20 分钟至熟；
4. 冷却放置 3 小时，食用的时候再用平底锅香煎。

午餐

营养搭配原则　清淡的蔬菜搭配能提供多种维生素和人体所需元素。

☆醋熘大白菜☆

【原料】　大白菜，米醋，白糖。

【制作】

1. 白菜切块；
2. 热锅下油，放入白菜，爆炒，下白糖、米醋和调味料即成。

☆紫米番薯粥☆

【原料】　紫米，番薯。

【制作】

1. 紫米洗净加入清水，煮半个小时成为紫米粥；
2. 番薯切粒，待紫米成粥时放进去，煮 1 小时；
3. 食用前再重新开火煮 20 分钟直到米粒软烂，即可调味食用。

晚餐

营养搭配原则　酿节瓜鲜香滑嫩，清淡可口，锌、钙及维生素的含量比较丰富，适合孩子食用。

☆酿节瓜☆

【原料】　猪肉，节瓜，湿虾米，湿冬菇粒，高汤，肥肉，湿生粉。

【制作】

1. 猪肉剁烂，加入肥肉、湿生粉、冬菇粒、虾米，拌匀备用；
2. 节瓜刮去皮，并切去头尾部分，挖去瓜瓤，将拌好的猪肉馅酿入瓜膛内，将切出的头尾封口并用竹签固定；
3. 把酿好的节瓜放在油锅中稍炸片刻捞起。去油后，放回锅内，加入高汤和调味料，除去竹签即可。

早餐

营养搭配原则　土豆中的蛋白质最接近动物蛋白，早餐吃土豆能为宝贝提供能量。

☆薯茸饼☆

【原料】　土豆，胡椒粉，面包粉，食盐。

【制作】

1. 土豆捣成土豆泥，加盐和胡椒粉拌匀；
2. 将土豆泥捏成饼状，蘸面包粉，用油炸至金黄即可。

午餐

营养搭配原则　冬瓜和西红柿是营养互补的最佳拍档，搭配猪肉和鸡片含丰富铁质，营养非常高。

☆番茄冬瓜片☆

【原料】　冬瓜，番茄，鸡精。

【制作】

1. 热锅下油，放入冬瓜片，再放番茄爆炒；
2. 加入调味料和清水，煮熟，加入鸡精即可。

☆芙蓉鸡片☆

【原料】　鸡脯肉，火腿，鸡蛋，淀粉，生姜，葱。

【制作】

1. 鸡肉切片，鸡蛋打散，火腿切丁，用鸡蛋和淀粉将鸡肉片浆好；
2. 热锅下油，炸熟鸡肉片；
3. 放入火腿丁和姜葱，翻炒，倒入鸡肉片，爆炒几下即可。

晚餐

营养搭配原则　排骨含有动物蛋白质和骨胶原蛋白和多种氨基酸，多吃有助身体哦。

☆豉汁蒸排骨☆

【原料】　排骨，豆豉，生粉，蒜，生抽，

【制作】

1. 排骨切段，加入生粉，拌匀；
2. 再加入豆豉、蒜蓉，生抽拌匀，隔水蒸20分钟即可。

第二周 荤食也有新花样

营养搭配原则　面包加红豆，增强淀粉质吸收。

☆豆沙小动物包☆

【原料】　面粉，酵母，红豆，糖。

【制作】

1. 红豆煮熟去皮，拌入糖分，磨成红豆沙；
2. 面粉发酵揉成条，切成均匀大小的面团；
3. 面团擀成圆形；
4. 取红豆沙包在中间，捏成小动物形状的包子；
5. 大火蒸约 15 分钟即可。

午餐

营养搭配原则　荤素搭配，优质蛋白质与排毒蔬菜的组合。

☆酥炸鸡排☆

【原料】　鸡排，蒜，黑胡椒，盐，生粉，鸡蛋。

【制作】

1. 用刀背把鸡排拍松，加入蒜泥、盐调味，加入少量的水，用手抓匀；
2. 打一个鸡蛋，将鸡排先蘸一层生粉，一层鸡蛋，再蘸一层生粉，蘸完后下入五成热的油锅炸熟，然后捞出，将油烧至八成热，复炸一遍，捞出；
3. 放在厨房用纸上面吸油，撒上黑胡椒，切块后食用。

☆爆炒三宝☆

【原料】　鸡脯肉，胡萝卜，黄瓜，姜，盐，鸡精。

【制作】

1. 鸡肉拍松，切丁，胡萝卜去皮切丁，黄瓜切丁；
2. 鸡丁腌制 1 小时；
3. 锅子烧热后放油，入姜片，油温五成时放腌制好的鸡丁煸炒至表面变色出锅备用；
4. 用剩下的油煸炒胡萝卜丁，炒至胡萝卜身软，边缘透明，入黄瓜快速翻炒几下；
5. 放入炒好的鸡丁，加盐和鸡精翻炒均匀。

晚餐

营养搭配原则　蔬果薯茸营养美味，营养均衡，更有强身健体的功能哦。

☆蔬果薯茸☆

【原料】　马铃薯，胡萝卜，香蕉，木瓜，苹果，梨，牛油。

【制作】

1. 将马铃薯、胡萝卜切片；
2. 把马铃薯沥水后，压成薯茸，加入牛油拌匀；
3. 将胡萝卜、香蕉、木瓜分别压成泥状；
4. 苹果、梨用小匙刮出果茸，然后分别混合薯茸同吃。

周二

早餐

营养搭配原则　燕麦既可“充饥滑肠”，又可防止各种营养性疾病发生。

☆燕麦粥☆

【原料】　燕麦片，牛奶，鸡蛋。

【制作】

1. 将燕麦片和牛奶放入煮锅中，倒入开水，拌匀；
2. 鸡蛋打入锅中，拌匀；
3. 盖锅盖，大火烧开，煮 2 分钟即可。

午餐

营养搭配原则　豆腐、火腿配香菇，搭配富含众多的营养素，能有效改善孩子的营养不良。

☆豆腐炖香菇☆

【原料】　豆腐，香菇，火腿肠，淀粉，番茄酱，酱油，精盐。

【制作】

1. 将豆腐、鲜香菇、火腿肠清洗干净，切成方块装盘待用；
2. 锅内倒油烧至四成热，放入豆腐，煎至两面呈金黄色后，铲出，装入盘中待用；
3. 锅内留油烧热，放入番茄酱煸炒，加入香菇、酱油及清水；
4. 再放入豆腐煸炒，加入精盐、火腿粒，炒拌均匀，勾芡，加入调味即可。

☆鹌鹑焖饭☆

【原料】　鹌鹑，枸杞，香菇，红枣，米。

【制作】

1. 鹌鹑洗净晾干水，切块，腌15分钟；
2. 泡洗干净的香菇切丝、红枣和洗净的枸杞和鹌鹑放一起拌匀；
3. 米洗净后放入电饭锅，加水，把材料铺在面上，蒸熟即可。

晚餐

营养搭配原则　豌豆含有丰富蛋白质、钙质氨基酸和碳水化合物、维生素A、卵磷脂等营养素，是补充钙质的好菜肴，同时还有健脑作用。

☆蛋黄豌豆糊☆

【原料】　豌豆，蛋黄。

【制作】

1. 豌豆洗净焯水至熟；
2. 鸡蛋连壳煮熟，将蛋黄压成泥；
3. 热锅下油，爆炒豌豆至熟后加入蛋黄泥，翻炒调味即可。

早餐

营养搭配原则　叉烧有猪肉的营养，搭配富含蛋白质的面粉，让早晨精力充沛。

☆叉烧包☆

【原料】　叉烧肉，盐，葱，生姜，酱油，面粉。

【制作】

1. 叉烧肉切小块，加入葱姜、酱油、盐拌成馅；
2. 面粉揉搓，分成均匀的粉团，放在掌心擀成包皮，放入馅料，将开口处折叠捏合；
3. 将包子放入蒸笼内，隔水蒸15分钟即可。

午餐

营养搭配原则　百合能清火止咳，清心明目；茄子富含维生素B，搭配营养丰富。

☆西芹百合☆

【原料】　西芹，百合，精盐，白糖，淀粉。

【制作】

1. 西芹切段，百合去蒂洗净，掰成片；
2. 锅内放油，烧热，下西芹炒至五成熟；
3. 加百合、精盐、白糖炒熟，勾薄芡即可。

☆茄子炒肉☆

【原料】　茄子，猪瘦肉，红椒，青椒，生姜，蒜，酱油，料酒。

【制作】

1. 茄子洗净切丝，猪瘦肉切丝腌制；
2. 热锅下油，放茄子丝，煸炒至熟，盛出；
3. 放姜丝、蒜末，爆香，加酱油、料酒、青红尖椒丝，炒好的茄丝翻炒、调味即可。

晚餐

营养搭配原则　鱼肉所含的蛋白质都是完全蛋白质，而且蛋白质所含氨基酸的量和比值最适合人体需要，容易被人体消化吸收。

☆鲜菇炒鱼肚☆

【原料】　鱼肚，鲜草菇，葱，生姜。

【制作】

1. 草菇洗干净，切十字；
2. 鱼肚挤干水分，切大块，放下姜、葱、鱼肚与草菇；
3. 热锅下油，爆炒生姜，然后放入材料翻炒至熟，即可调味。

早餐

营养搭配原则　奶黄包香味浓郁，营养丰富，特别适合孩子食用。

☆奶黄包☆

【原料】　奶油，牛奶，鸡蛋，面粉，糖，油。

【制作】

1. 面粉搓成面团，发酵 2 小时；
2. 打散鸡蛋，倒入少量牛奶，放上糖、油、奶油和少许面粉搅拌均匀。
3. 把调好的馅液放到蒸锅上，蒸熟后，切成一粒粒的形状；
4. 将奶黄馅料包入包子中，把包好的奶黄包放到锅里，蒸熟即可。

午餐

营养搭配原则　海带含有丰富的钙、碘等营养物质，是宝贝身体不可或缺的营养哦。

☆排骨炖海带☆

【原料】　排骨，海带，姜，葱，盐。

【制作】

1. 先将新鲜海带冲洗干净，切成稍粗的条；
2. 烧开水，将排骨下锅焯水后捞出；
3. 将排骨、海带和姜一同放入锅里，加足温水淹过材料，大火烧开后撇去表面的浮沫，转小火，1 小时，吃前调盐味撒葱花即可。

☆生菜碎肉饭☆

【原料】　米，猪肉，生菜，油条，鸡蛋，太白粉。

【制作】

1. 米洗净煮成粥，生菜切丝，油条切小块；
2. 猪肉剁成肉末；
3. 肉末加太白粉及调味料拌匀，倒入稀饭中轻轻搅散开，再加入生菜丝沸腾即燃火，盛入碗中再打一个蛋在上面，油条撒上即可。

晚餐

营养搭配原则　黑芝麻含有的多种人体必需氨基酸，能加快人体的代谢速度。

☆芝麻汤圆☆

【原料】　黑芝麻粉，水磨粉，白糖。

【制作】

1. 将白糖、芝麻粉与生油搅拌成馅料；
2. 将水磨粉加水揉透择成小粉团，搓圆捏成锅子形，包入馅心，捏成汤圆；
3. 将汤圆放入沸水锅内煮熟，即可食用。

早餐

营养搭配原则　龙须面易消化，菠菜和鸡肉能补钙补铁，促进营养吸收。

☆鸡丝龙须面☆

【原料】　鸡，菠菜，龙须面，食盐，麻油。

【制作】

1. 用水将鸡煮熟，鸡肉手撕成条状，鸡骨头用来熬汤，鸡汤要加入食盐调味；
2. 菠菜洗净，用沸水烫熟；
3. 放水煮面，煮好捞入碗中浇上鸡汤；
4. 鸡丝可用麻油翻炒至香口，将鸡丝和菠菜放入面碗中即可。

午餐

营养搭配原则　白菜肉末卷含有人体所需要的蛋白质、脂肪、淀粉、维生素等营养成分。

☆白菜肉末卷☆

【原料】　白菜，猪肉，洋葱。

【制作】

1. 猪肉剁碎腌制3小时，白菜心和洋葱剁碎；
2. 将三种材料搅拌成馅料；
3. 将菜叶两边较薄的区域向内翻合，从两侧包裹住肉馅；
4. 将白菜从根部开始卷起，直到最后较薄的叶子的尖也卷起；
5. 将卷好的菜卷上蒸锅，大火蒸10分钟左右，变色后即可。

☆甲鱼汤☆

【原料】　甲鱼，骨碎补，山药，枸杞。

【制作】

1. 将甲鱼洗净，山药去皮切成块；
2. 在砂锅里加入清水及佐料、调味料，并加入骨碎补、枸杞、山药、甲鱼一起炖2小时即可。

晚餐

营养搭配原则　青口配合河粉，能提供足够膳食纤维，增强肠道功能。

☆青口河粉☆

【原料】　河粉，青口，银牙，蟹柳，芹菜，上汤。

【制作】

1. 河粉过冷水，沥干；
2. 青口洗净；
3. 上汤内先放青口，确保煮熟后，再放蟹柳、芹菜、河粉，最后下银芽，调味即可。

第三周
南瓜粥，有点儿甜头

早餐

营养搭配原则　花生稀饭具有滋补润肺、补气养血的作用。

☆花生稀饭☆

【原料】　花生米，粳米，冰糖。

【制作】

1. 将花生米用清水浸泡五六小时，换水洗净，粳米淘洗干净；
2. 锅置火上，放入清水、粳米，先用旺火烧沸，加入花生米，转用文火煮至粥成，以冰糖调味，即可食用。

午餐

营养搭配原则　大米是营养的来源，小米能帮助消化，养胃，二者配合能促进肠胃蠕动。

☆双色米饭☆

【原料】　大米，小米，鸡蛋。

【制作】

1. 先将两种米洗净，放入电饭煲中煮好；
2. 将鸡蛋打散，在米饭将熟的时候放入鸡蛋液，蒸熟即可。

☆青瓜炒瘦肉☆

【原料】　青瓜，瘦肉。

【制作】

1. 青瓜切片，瘦肉切片后腌制半小时；
2. 蒜蓉起锅，爆炒肉片至半熟，加入青瓜翻炒至熟，即可调味。

晚餐

营养搭配原则　韭菜温补身体，鸡蛋具有优质蛋白，做成蛋饼，能提升食欲又促进营养吸收。

☆鸡蛋菜饼☆

【原料】　韭菜，鸡蛋，面粉，盐，五香粉。

【制作】

1. 韭菜洗干净，控干水分，切碎装盘备用；
2. 把鸡蛋打入切碎的韭菜中，加调料、盐以及五香粉；
3. 把面粉和成面团，用擀面杖擀成薄饼；
4. 把韭菜和鸡蛋拌起来，平摊在其中的一个薄饼上，放入平底锅中香煎至熟即可。

早餐

营养搭配原则　花生富含锌，具有促进孩子脑部发育、激活脑细胞、增强记忆力的功效。

☆花生糊☆

【原料】　花生，糯米，白糖。

【制作】

1. 花生泡水后用搅拌机捣烂；
2. 糯米煮粥，加入花生糊，煮30分钟放糖即可。

午餐

营养搭配原则　猪血是养生的保健佳品，而韭菜炒猪血是一道滋补家常菜，特别是对儿童以及缺铁性贫血的人有着明显的疗效。

☆韭菜猪血☆

【原料】　猪血，韭菜，胡椒，青椒。

【制作】

1. 猪血切块，热锅下油翻炒猪血；
2. 韭菜切段，加入到猪血中，翻炒，加清水，下胡椒和青椒，继续炒至熟透，即可调味。

☆蔬果土豆泥☆

【原料】　马铃薯，胡萝卜，香蕉，木瓜，苹果，梨，牛油。

【制作】

1. 将马铃薯、胡萝卜切片；
2. 把马铃薯沥水后，压成薯茸，加入牛油拌匀；
3. 将胡萝卜、香蕉、木瓜分别压成泥状；
4. 苹果、梨用小匙刮出果茸，然后分别混合薯茸同吃。

晚餐

营养搭配原则　黄金馒头，能有效提供所需蛋白质和钙质，帮助儿童健康发育成长。

☆黄金馒头☆

【原料】　面粉，白糖，牛奶，奶粉。

【制作】

1. 将面粉加入温水、白糖、牛奶和奶粉，和成稍硬的面团；
2. 将和好的面团剂揉成馒头，隔水蒸30分钟成馒头；
3. 静止放置3小时，待冷却后，可放入油锅中炸成金黄即可。

早餐

营养搭配原则　山药中的黏多糖物质与矿物质相结合，能增强免疫功能。

☆山药粥☆

【原料】　山药，粳米。

【制作】

1. 山药洗净切片，粳米淘干净；
2. 米和山药冷水放锅内煮，煮至烂熟加入即可。

午餐

营养搭配原则　清新腐竹、黄瓜搭配花生米，解腻又有营养，适合经常食用。

☆黄瓜腐竹花生米☆

【原料】　花生米，黄瓜，腐竹，花椒，干辣椒。

【制作】

1. 腐竹泡软切段，黄瓜切段；
2. 热锅下油，取花生米、花椒、干辣椒炒花生油，加入调味料形成香油；
3. 腐竹和黄瓜用水焯水后沥干水分，将炒好的香油倒在上面即可。

☆红米粥☆

【原料】　红米，大米，冰糖。

【制作】

1. 大米、红米分别洗干净，放入锅中煮成粥，煮 1 小时；
2. 按照个人口味加入冰糖，即可食用。

晚餐

营养搭配原则　偶尔食用小油条，能起到健脾暖胃、促进食欲的作用。

☆小油条☆

【原料】　面粉，酵母，白糖。

【制作】

1. 将面团搅和，加入白糖，发酵成面团；
2. 将面摊成长条形，交叉捏放，中间留点空隙，下锅炸熟即可。

早餐

营养搭配原则　牛肉能有效补铁，配合青菜和河粉，能提供足够热量和蛋白。

☆牛肉粉☆

【原料】　牛肉，河粉，青菜。

【制作】

1. 牛肉切片，下锅爆炒；
2. 加入清水，闷盖煮 10 分钟，水沸后，加入河粉和青菜，煮熟即可调味。

午餐

营养搭配原则　紫菜是营养价值丰富的海草，配合补铁补钙的红豆一起进食，对营养吸收很好。

☆紫菜鸡蛋汤☆

【原料】　紫菜，鸡蛋，虾米。

【制作】

1. 锅中烧水，淋入鸡蛋液；
2. 等鸡蛋花浮起时，放入紫菜和虾米，闷盖 10 分钟，即可调味食用。

☆鸡蛋炒莴笋☆

【原料】　木耳，鸡蛋，莴笋。

【制作】

1. 木耳对切，莴笋去皮切片，鸡蛋打散；
2. 热锅下油，翻炒鸡蛋，然后装起来；
3. 倒入莴笋翻炒，再加入木耳，最后放入鸡蛋；
4. 小火翻炒，调味即可完成。

晚餐

营养搭配原则　南瓜中含有丰富的果胶和微量元素钴，能有效预防糖尿病。

☆南瓜粥☆

【原料】　南瓜，大米，鲜百合，冰糖。

【制作】

1. 大米洗净，水烧滚，将米放滚水内，改用中火煲 40 分钟；
2. 将南瓜粉搅匀放粥内，续煮 20 分钟，加入冰糖调味；
3. 最后放入鲜百合瓣，翻滚便成。

周五

早餐

营养搭配原则　绿豆粥营养丰富，还有抗菌抑菌、降血脂、抗肿瘤、解毒的作用。

☆绿豆粥☆

【原料】　绿豆，大米。

【制作】

1. 准备原料大米、绿豆淘洗干净；
2. 煲内放入水，加入大米、绿豆，煮至米粒开花，粥汤稠浓即成。

午餐

营养搭配原则　木耳含有丰富的植物胶原成分，具有较强的吸附作用，帮助宝贝把体内难消化的杂质排出。

☆鸡蛋火腿炒饭☆

【原料】　米饭，火腿肠，鸡蛋。

【制作】

1. 火腿肠切粒，鸡蛋打散；
2. 炒米饭至松散，加入火腿粒翻炒，加入鸡蛋炒熟，即可调味。

☆木耳粉丝汤☆

【原料】　木耳，粉丝，蒜。

【制作】

1. 木耳发泡后切片；
2. 蒜片起锅，爆炒木耳，加清水，焖15分钟后加入发好的粉丝，闷盖5分钟，待粉丝入味即可。

晚餐

营养搭配原则　晚餐吃番茄、土豆等蔬菜易于营养吸收，帮助消化。

☆五彩豆腐☆

【原料】　番茄，豆腐，鸡蛋，香菇。

【制作】

1. 豆腐切粒，番茄切丁，香菇切丝；
2. 香菇焯水；
3. 打散鸡蛋，加入番茄丁和香菇丝；
4. 热锅下油，放入拌好的鸡蛋和豆腐丁，翻炒至熟，即可调味食用。

第四周
小馄饨的华丽变身

早餐

营养搭配原则　虾仁和猪肉都是营养丰富的食材，配合香口的韭菜做成饺子，有营养又能增强食欲。

☆三鲜饺子☆

【原料】　饺子皮，鸡蛋，韭菜，虾仁，猪肉，食盐。

【制作】

1. 虾仁切丁，猪肉剁烂，鸡蛋炒熟切粒，韭菜切粒；
2. 将上述材料放入盘子中搅拌，打入鸡蛋，放入食盐；
3. 摊开饺子皮放入肉馅，包成饺子；
4. 将包好的饺子蒸熟即可食用。

午餐

营养搭配原则　鸡鸭腰有很好的滋补作用，配上鸡蛋和土豆，是冬季保暖滋养的好帮手。

☆清汤干贝鸡鸭腰☆

【原料】　干贝，鸡鸭腰，冬笋，生姜，高汤。

【制作】

1. 鸡鸭腰洗净，焯水，冬笋切丝，干贝泡软；
2. 生姜起锅，爆炒鸡鸭腰至半熟，加入高汤，放入冬笋丝和干贝，闷盖煮25分钟即可调味。

☆香蕉糊☆

【原料】　香蕉，乳酪，鸡蛋，牛奶，胡萝卜。

【制作】

1. 鸡蛋连壳煮熟，取蛋黄压成泥状；
2. 香蕉去皮，用羹匙压成泥状；
3. 胡萝卜去皮，用滚水烫熟，磨成胡萝卜泥；
4. 把蛋黄泥、香蕉泥、乳酪混合；
5. 再加入牛奶调成糊状，下锅煮熟即可。

晚餐

营养搭配原则　虾米能补中益气、生津液，脆皮肠口感丰富，是孩子们的大爱，配合做成蛋包饭，能提升食欲助吸收。

☆金银蛋包饭☆

【原料】　鸡蛋，米饭，虾仁，脆皮肠。

【制作】

1. 脆皮肠切粒，虾仁切粒；
2. 热锅下油，放入米饭翻炒至松散；
3. 加入脆皮肠和虾仁粒，翻炒至熟；
4. 最后加入鸡蛋，翻炒松散，即可调味食用。

早餐

营养搭配原则　低筋面粉富含蛋白质，配合椰蓉增强食欲助消化。

☆椰丝黄油酥☆

【原料】　低筋面粉，黄油，小苏打，牛奶，鸡蛋液，椰丝，泡打粉，白砂糖，盐。

【制作】

1. 鸡蛋打散备用；
2. 牛奶中混合砂糖，泡打粉，小苏打，盐；
3. 面粉过筛，加入黄油；
4. 鸡蛋、牛奶和面粉混合揉成面团，发松 1 小时；
5. 白砂糖、黄油、椰丝混合均匀支撑椰蓉馅料；
6. 面团擀成面片，放入馅料，卷起来；
7. 在面卷表面刷上蛋液，入烤箱，以 180 度高温，烤 25 分钟即可。

午餐

营养搭配原则　鱿鱼中虽然胆固醇含量较高，但其同时含有牛磺酸，有抑制胆固醇在血液中蓄积的作用。

☆清汤鱿鱼卷☆

【原料】　鱿鱼，猪肉，竹笋，酱油。

【制作】

1. 以横切、斜切的方式在鱿鱼身上切数刀；
2. 猪肉切丝，竹笋切丝，下锅，加入清水煮 15 分钟，至出味后，放入鱿鱼，煮熟成卷状即可点酱油食用。

☆番茄豆腐冬瓜汆丸子☆

【原料】　番茄，鲜豆腐，冬瓜，猪肉，生姜，淀粉，食盐，葱。

【制作】

1. 番茄切块，豆腐切丁，冬瓜切片，猪肉剁碎，加入淀粉、食盐等调味料腌半个小时；
2. 热锅下油，放入香葱、生姜等炒香；
3. 加水煮沸，放入猪肉末捏成的小丸子，下锅煮熟；
4. 中火煮 15 分钟后，加入切好的番茄、冬瓜片和豆腐；
5. 煮至冬瓜、番茄等烂熟，即可调味食用。

晚餐

营养搭配原则　猪肉和白菜搭配，营养丰富同时容易消化，适合晚餐食用。

☆水煎包☆

【原料】　面粉，猪肉，白菜。

【制作】

1. 面粉搅拌发酵成面团，擀成剂子；
2. 猪肉和白菜剁烂，加入调味料制成馅料；
3. 将馅料放入剂子中，隔水蒸 20 分钟至熟；
4. 冷却放置 3 小时，食用的时候再用平底锅香煎。

早餐

营养搭配原则　猪肉和椰菜搭配，口感好，营养高，做成小笼包，孩子们都很喜欢。

☆小笼包☆

【原料】　猪肉，面粉，菜叶。

【制作】

1. 猪肉剁烂，菜叶切碎剁烂，将菜叶和猪肉、调味料搅拌；
2. 面粉开水，揉成粉团；
3. 粉团碾成圆形，放入馅料，做成小笼包；
4. 包子放入笼子隔水蒸7、8分钟，即可食用。

午餐

营养搭配原则　家常豆腐搭配冬瓜汤帮助解腻清热，营养十足。

☆家常豆腐☆

【原料】　豆腐，猪肉，蒜。

【制作】

1. 猪肉剁烂成泥，和调味料、蒜蓉一起搅拌调味；
2. 用勺子在豆腐块上挖一个小洞，将馅料塞进去；
3. 将豆腐放入油锅中香煎至熟即可。

☆什锦冬瓜粒汤☆

【原料】　冬瓜，虾皮，鱼丸，高汤，生姜。

【制作】

1. 冬瓜切粒，虾皮泡软，鱼丸对半切开；
2. 生姜起锅后放入高汤，将虾皮、鱼丸和冬瓜放入锅中，闷盖煮30分钟即可。

晚餐

营养搭配原则　以美味火腿搭配米线，开胃有益。

☆火腿米线☆

【原料】　米线，火腿，瘦肉，高汤，香菇，葱。

【制作】

1. 将米线泡发，火腿切片，香菇切丝，葱切成葱花；

2. 下锅放高汤，加入火腿、瘦肉和香菇，煮15分钟，然后加入米线，闷盖煮10分钟，即可调味。

早餐

营养搭配原则　小馄饨适合孩子的饮食习惯，在馄饨中加入紫菜和虾皮，有补钙补镁的功效。

☆三鲜小馄饨☆

【原料】　馄饨皮，猪肉，紫菜，鸡蛋，虾皮，胡椒粉，盐，料酒，鸡精，生姜，葱。

【制作】

1. 猪肉剁碎，放入盐、料酒、胡椒粉等料腌制半个小时；
2. 在猪肉末中放入切碎的姜葱和鸡蛋，搅拌均匀；
3. 将搅拌好的馅料放入冰箱，冷却半个小时；
4. 热锅下油，往锅壁倒入打散的鸡蛋液，香煎成蛋皮；
5. 将蛋皮切丝，拌入紫菜、虾皮、盐、鸡精、胡椒粉等材料；
6. 将5材料放入锅中，加入清水，煮成汤底；
7. 此时取出馅料，包成馄饨，放入汤底中煮10分钟，即可调味食用。

午餐

营养搭配原则　多种蔬菜搭配鸡肉，营养均衡，味道鲜美。

☆鸡丝拌炸粉丝☆

【原料】　粉丝，熟鸡腿，黄瓜，香油，盐，胡萝卜。

【制作】

1. 黄瓜和胡萝卜切细丝，熟鸡腿撕成丝；
2. 锅内放油，放入粉丝炸，炸好出锅；
3. 粉丝上碟，鸡丝和黄瓜、萝卜丝铺面，加盐，淋上香油即可。

☆凉瓜羹☆

【原料】　凉瓜，瘦肉，鸡蛋，生姜，生粉。

【制作】

1. 瘦肉剁烂成肉末，凉瓜用搅拌机搅烂待用；
2. 将生姜丝放入锅中煮滚，加入肉末闷盖煮15分钟；
3. 放入凉瓜泥，搅拌，闷盖煮15分钟；
4. 放入打散的鸡蛋，不断搅拌；
5. 倒入勾好的生粉水，打芡汁，搅拌，待汤水收浓成羹即可调味食用。

晚餐

营养搭配原则　鸡肉含有对人体生长发育有重要作用的磷脂类，是膳食结构中脂肪和磷脂的重要来源之一。

☆蜜汁鸡☆

【原料】　鸡，生姜，烧酒。

【制作】

1. 生姜切片，鸡切块；
2. 生姜起锅，爆炒鸡块，加入清水，下烧酒，闷盖15分钟即可。

早餐

营养搭配原则　红枣能补脾益气，收敛止泻。适用于脾虚失运型慢性结肠炎。

☆红枣糯米粥☆

【原料】　红枣，糯米。

【制作】

1. 先将红枣温水浸泡 2 小时；
2. 浸泡后的红枣、糯米同放入锅中，加水煮成稠粥即可。

午餐

营养搭配原则　豆芽、青瓜搭配高蛋白、高纤维的牛肉，能提供各种人体所需元素，有助提高活力，增强体格。

☆豆芽炒牛肉☆

【原料】　豆芽，牛肉。

【制作】

1. 牛肉切片，入锅爆炒；
2. 加入豆芽翻炒至半熟，加入清水，闷盖 5 分钟即可调味。

☆拍黄瓜☆

【原料】　黄瓜，香油，蒜泥，醋，盐。

【制作】

1. 黄瓜切段，分别拍开；
2. 放入盆内，拌入盐、蒜泥、香油和少量的醋即可。

晚餐

营养搭配原则　榄菜营养价值很高，含多种维生素，有助降低胆固醇和甘油三酯。

☆榄菜炒豆角☆

【原料】　五花肉，豆角，榄菜。

【制作】

1. 豆角切粒，五花肉剁碎放腌料腌制 15 分钟；
2. 锅内放油，五花肉末倒入翻炒，到出油变色加入豆角；
3. 炒至豆角开始变绿，加入榄菜，调味翻炒后出锅。

第九章 二月，简单健康的饮食让孩子度过冬季

二月，孩子的饮食还是应该以驱寒为主，可是，总是吃温补的食材难免让孩子感到厌倦，因此，别出心裁一下吧，试试让孩子尝尝洋葱。洋葱闻着味道很重，很多小朋友不喜欢，但是如果将洋葱整个放入烤炉中，填充进干酪或者熏肉，在烤好后，洋葱的“臭味”就会转化为“香气”，一定会让宝贝胃口大开，而且洋葱多吃可以暖胃，在这个时节吃可以说是非常适合。

第一周 煎蛋的“前世今生”

营养搭配原则　薏米清热解毒，红豆营养丰富，配合大米煮粥对身体好。

☆二米红豆粥☆

【原料】　红豆，薏米，大米，冰糖。

【制作】

1. 将等量的红豆和薏米泡软；
2. 大米煮成稀粥，放入红豆煮半个小时；
3. 等红豆煮开花后，放入薏米，煮 1 小时至黏稠，放冰糖调味即可。

午餐

营养搭配原则　黄瓜、青椒和番茄的搭配，含有较高的膳食纤维能帮助消化，润肠通便。

黄瓜蛋汤

【原料】　黄瓜，鸡蛋，番茄。

【制作】

1. 黄瓜切段，番茄切块；
2. 锅内放水，煮沸后加入番茄，煮 15 分钟；
3. 放入黄瓜段，再煮 15 分钟，至熟时放入打散了的鸡蛋，即可调味食用。

☆番茄青椒炒蛋☆

【原料】　番茄，鸡蛋，青椒，生姜。

【制作】

1. 番茄切块，青椒切丝，鸡蛋打散；
2. 热锅下油，爆香生姜片，倒入番茄，炒至出味；
3. 倒入鸡蛋、青椒，调味，翻炒至熟即可。

晚餐

营养搭配原则　土豆搭配鸡肉，能提供热量，增强免疫力，有助预防春季流感。

☆土豆烧鸡☆

【原料】　土豆，鸡肉，生姜，葱，砂糖，食盐，酱油。

【制作】

1. 土豆切块，鸡肉切块；
2. 热锅下油，将土豆放入锅中，用油滚一下，捞起沥干油分待用；
3. 然后放入姜葱重新起锅，倒入鸡肉爆炒；
4. 倒入土豆，加入酱油、食盐和砂糖调味，加入清水，闷盖煮 10 分钟。

早餐

营养搭配原则　燕麦含有人体必需的8种氨基酸，又含有钙、磷、铁、锌等矿物质，是补钙佳品。

☆燕麦包☆

【原料】　燕麦粉，淡奶油，黄油，糖。

【制作】

1. 把黄油室温软化，之后加糖用打蛋器打发；
2. 分次倒入淡奶油，搅拌均匀，加入燕麦粉拌匀；
3. 揉成小圆球，排在铺上锡纸的烤盘上；
4. 烤箱预热190度，中层10分钟后转150度10分钟。

午餐

营养搭配原则　鸡肉、粉丝、金针菇、萝卜中的蛋白质和维生素搭配，有助提高免疫力。

☆鸡肉粉丝煲☆

【原料】　香菇，粉丝，鸡腿，香芋，生姜。

【制作】

1. 鸡腿切块，粉丝泡软，香菇和香芋焯水，切粒；
2. 生姜起锅，爆炒鸡腿至软，加入清水，放入香菇和香芋，闷盖煮10分钟。

☆金针菇萝卜汤☆

【原料】　金针菇，白萝卜，高汤。

【制作】

1. 金针菇洗净萝卜切丝；
2. 萝卜和金针菇分别放入锅中，加高汤、调味料，炖30分钟即可。

晚餐

营养搭配原则　八宝蛋内含火腿、猪肉、鳜鱼等多种食材，能调理营养不良、健脾开胃。

☆八宝蛋☆

【原料】　肥肉，火腿，豌豆，香菇，鸡蛋，冬笋，鳜鱼。

【制作】

1. 将火腿、肥肉、冬笋、香菇等切粒，将鳜鱼蒸熟取肉；
2. 将豌豆、香菇、冬笋等焯熟；
3. 将全部材料下锅炒香；
4. 开水煮熟鸡蛋，对半切开，掏走蛋黄后塞入上述材料的搅拌物，蒸10分钟即可。

早餐

营养搭配原则　莲蓉包的主要原料是莲子，清热解毒，常吃能强壮身体。

☆莲蓉包☆

【原料】　面粉，莲蓉馅料。

【制作】

1. 面粉和成面团；
2. 取一小块酵面为剂，包入一小份酥面，擀成长形，卷成筒状，静置5、6分钟，再如法复擀1次成扁圆形面皮，包入莲蓉馅心，于顶端划一个“十”字；
3. 蒸锅预热，将莲蓉包生坯入笼用旺火蒸至熟透即可。

午餐

营养搭配原则　咖喱鱼丸和奶香麦片粥，是深得孩子喜爱的午餐搭配，富含各种孩子成长所需的营养元素。

☆咖喱鱼丸☆

【原料】　鱼丸，咖喱块。

【制作】

1. 鱼丸用开水焯熟；
2. 起锅，煮开咖喱块，放入鱼丸翻炒至熟，即可调味。

☆奶香麦片粥☆

【原料】　稠粥，麦片，鲜牛奶。

【制作】

1. 稠粥放入饭锅中加入鲜牛奶；
2. 上锅煮沸后加入麦片及调味料即可。

晚餐

营养搭配原则　鸡蛋搭配多种蔬菜，让偏食的宝贝不自觉吃下平日里不会吃的蔬菜，有助均衡营养。

☆摊杂蔬☆

【原料】　小油菜，豆腐，黑木耳，土豆，蘑菇，鸡蛋，食盐。

【制作】

1. 开水锅中加入食盐，依次放入土豆、蘑菇、豆腐、黑木耳、小油菜煮熟；
2. 把所有的蔬菜丁捞出放入盘中；
3. 打散鸡蛋，香煎至熟，将杂蔬放于蛋皮上，即可食用。

早餐

营养搭配原则　糯米鸡能缓解脾胃虚寒和尿频症状。

☆糯米鸡☆

【原料】　新鲜荷叶，糯米，鸡肉，白果、板栗。

【制作】

1. 先将糯米蒸熟；
2. 鸡肉切成鸡丁爆炒入味；
3. 白果和板栗先用白水煮熟；
4. 取出蒸好的糯米，放入鸡丁、白果和板栗，加调味料，包在荷叶内上锅蒸30分钟即可。

午餐

营养搭配原则　豆皮、猪肉搭配青菜和苦瓜提供人体所需矿物质、维生素，其中的维生素B2尤为丰富，有抑制溃疡的作用，经常食用对皮肤和眼睛的保养有很好的效果。

☆青菜豆皮☆

【原料】　油豆皮，青菜，生姜。

【制作】

1. 油豆皮切片，焯熟；
2. 青菜切段；
3. 生姜起锅，爆炒青菜至半熟后加入油豆皮，调味，翻炒至熟即可。

☆苦瓜炒肉片☆

【原料】　苦瓜，猪肉，蒜。

【制作】

1. 猪肉切片，腌制10分钟，苦瓜切片，焯水；
2. 蒜蓉起锅，爆炒肉片，后加入苦瓜，翻炒至熟即可调味。

晚餐

营养搭配原则　芦笋蛋白质组成具有人体所需的各种氨基酸，含量比例恰当，是理想的健康食品和抗癌食品。

☆芦笋蛋饼☆

【原料】　鸡蛋，芦笋，木耳。

【制作】

1. 打散鸡蛋放入调味料，煎成蛋皮；

2. 芦笋用搅拌机搅拌成蓉，木耳切成丝，和芦笋搅拌，放入调味料，放在蛋皮上卷好；
3. 隔水蒸10分钟即可食用。

早餐

营养搭配原则　燕麦既可“充饥滑肠”，又可防止各种富贵性、营养性疾病发生。

☆燕麦粥☆

【原料】　燕麦片，牛奶，鸡蛋。

【制作】

1. 将燕麦片和牛奶放入煮锅中，倒入开水，拌匀；
2. 鸡蛋打入锅中，拌匀；
3. 盖锅盖，大火烧开，煮 2 分钟即可。

午餐

营养搭配原则　蛤蜊含多种矿物质和维生素，与鸡肉搭配，有助均衡营养。

☆椒盐泥鳅☆

【原料】　泥鳅，椒盐，葱。

【制作】

1. 热锅下油，爆香香葱，翻炒洗净的泥鳅至熟；

2. 放入调味料和椒盐，翻炒几下，即可食用。

☆蛤蜊鸡汤☆

【原料】　蛤蜊，土鸡，生姜，盐，米酒。

【制作】

1. 土鸡剁小块，放入滚水中，氽烫 1 分钟后捞出备用；
2. 蛤蜊洗净，浸泡淡盐水 2 小时吐砂，中途换水两次至吐沙干净，备用；
3. 老姜去皮，切细丝备用；
4. 将所有食材、水和盐，放入锅内，煮熟后加入米酒略焖即可。

晚餐

营养搭配原则　平菇搭配鲫鱼，含较高磷脂蛋白和各种孩子成长所需元素。

☆平菇鲫鱼☆

【原料】　鲜平菇，鲫鱼，鸡肉，生姜，葱。

【制作】

1. 鲫鱼洗净待用，鸡肉切块，平菇切粒；
2. 热锅下油，将鲫鱼放于锅中香煎至半熟；
3. 重新起锅，放入姜葱翻炒，至香味发散后放入清水，闷盖煮沸；
4. 煮沸后加入香煎了的鲫鱼和鸡肉、平菇，闷盖煮 20 分钟，即可调味食用。

第二周
和香蕉一起凑热闹

营养搭配原则　全麦馒头富含纤维和慢消化淀粉，能在大肠中促进有益菌的增殖，改善肠道微生态环境。

☆全麦馒头☆

【原料】　全麦面粉，发酵粉。

【制作】

1. 将全麦面粉和发酵粉拌匀，加水揉成面团，盖上湿布发酵 2 小时；
2. 把发好的面团搓成长条，揪成小剂子，分别揉成小面团，做成馒头生坯；
3. 将馒头生坯放进蒸笼里蒸至水沸，再继续蒸 30 分钟即可。

午餐

营养搭配原则　青豆含有植物蛋白质及碳水化合物，猪肝含有丰富的铁质，青豆搭配补血的猪肝，能促进营养吸收。

☆青豆猪肝饭☆

【原料】　米，猪肝，青豆，食盐。

【制作】

1. 青豆焯熟后捣烂成泥；
2. 猪肝切片，米洗净；
3. 下锅煮饭，至米汤煮沸后，加入青豆泥和猪肝，与半熟的米饭搅拌，加食盐，闷盖煮熟即可。

晚餐

营养搭配原则　豆酥可口，鳕鱼少骨，营养丰富，搭配食用有助营养均衡。

☆豆酥蒸银鳕鱼☆

【原料】　豆酥，鳕鱼，盐，黑胡椒粉，生姜，米酒，葱。

【制作】

1. 鳕鱼抹上盐和黑胡椒粉，用生姜腌制；
2. 豆酥切碎，下锅与米酒一同翻炒，再铺到鳕鱼上，撒上葱花，隔水蒸 15 分钟即可。

早餐

营养搭配原则　薏米含有丰富的营养，甚至有抗癌作用，早晨食用能促进孩子肠胃蠕动，帮助消化。

☆二米粥☆

【原料】　薏米，大米，冰糖。

【制作】

1. 将薏米泡软；
2. 大米煮成稀粥，放入薏米煮1小时至黏稠，放冰糖调味即可。

午餐

营养搭配原则　牛肉和白鸽营养丰富，配合玉米，有荤有素，浓淡相宜。

☆玉米牛肉羹☆

【原料】　牛肉，鲜玉米棒，鸡蛋，香菜，生姜，玉米粉。

【制作】

1. 鸡蛋打匀；香菜洗净切碎；
2. 牛肉洗净，抹干水剁碎，加调味腌10分钟，下少许油将牛肉炒至将热，沥去油及血水；
3. 玉米洗净，取出玉米粒；
4. 水中放姜煮滚，再放入玉米煮20分钟，下调味料，用玉米粉水勾芡成稀糊状，下牛肉兜匀煮滚，下打散的鸡蛋拌匀，盛入汤碗内，撒上香菜即可。

☆白鸽蒸饭☆

【原料】　鸽子，大米，红枣，烧酒。

【制作】

1. 大米煮成饭，鸽子洗净后切块；
2. 用红枣、烧酒和调味料腌制鸽子；
3. 在米饭煮开后，放入腌好的鸽子肉，至熟即可。

晚餐

营养搭配原则　鸡蛋是较好的补脑食品，晚饭食用对孩子脑部发育有好处。

☆叉烧蛋☆

【原料】　鸡蛋，叉烧。

【制作】

1. 叉烧切粒，鸡蛋打散，将叉烧放于鸡蛋中，加入调味料搅拌均匀；
2. 下锅香煎至熟，即可食用。

早餐

营养搭配原则　芝士富含钙，特别适合成长期儿童食用。

☆芝士饼干☆

【原料】　黄油，芝士乳酪，鸡蛋，香草粉，中筋面粉，糖。

【制作】

1. 黄油和芝士乳酪室温软化，用打蛋器高速混合；
2. 分次加糖、加蛋混合均匀；
3. 加入过筛的面粉和香草粉，拌匀，放冰箱冷藏 3 小时，拿出后擀成面片；
4. 将面片放入烤箱烤熟即可。

午餐

营养搭配原则　猪肝补血正气，豆芽和韭菜能帮助消化，黄瓜能清热解毒，配合食用，儿童开胃又能吸收营养。

☆豆芽炒韭菜☆

【原料】　豆芽，韭菜。

【制作】

1. 韭菜切段，放入热锅中翻炒；
2. 加入豆芽，炒熟即可调味。

☆黄瓜炒猪肝☆

【原料】　黄瓜，猪肝，生姜。

【制作】

1. 猪肝切片，黄瓜切片；
2. 生姜起锅，爆炒黄瓜片和猪肝片至熟即可调味。

晚餐

营养搭配原则　黄豆芽炒火腿肠，含有多种维生素和矿物质，能帮助人体吸收营养素。

☆黄豆芽炒火腿肠☆

【原料】　黄豆芽，火腿肠，生姜。

【制作】

1. 生姜起锅，放入切了丁的火腿肠，翻炒；
2. 加入黄豆芽翻炒至熟即可调味食用。

早餐

营养搭配原则　主要原料是香蕉，是水果中营养价值丰富的果实，而且能帮助排便。

☆香蕉粥☆

【原料】　大米，香蕉，蜂蜜。

【制作】

1. 大米洗净，放沙锅内煮成粥；
2. 将香蕉去除外皮切成小段状，放入粥中，再煮 10 分钟，即可拌入蜂蜜食用。

午餐

营养搭配原则　水果什锦，配合蛋虾仁炒河粉，能改善人体新陈代谢、增强体质、调节神经的功能。

☆水果什锦☆

【原料】　新鲜时令水果。

【制作】

1. 选取新鲜时令水果，切成小块放在盆内，可摆成好看的形状。

☆蛋虾仁炒河粉☆

【原料】　河粉，虾仁，鸡蛋，高汤。

【制作】

1. 河粉用高汤煮熟，盛盘；
2. 虾仁洗净，鸡蛋打散，起锅炒鸡蛋和虾仁，熟后将煮好的河粉倒入炒锅，加调味料即可。

晚餐

营养搭配原则　鸡蛋是高蛋白食品，能为晚间睡眠提供充足的养分。

☆水炒鸡蛋☆

【原料】　鸡蛋，菠菜。

【制作】

1. 菠菜切粒，鸡蛋打散，将菠菜放于鸡蛋中，调味，搅拌均匀；
2. 将鸡蛋放于锅中，加清水，煮熟即可。

早餐

营养搭配原则　蛋挞美味可口，牛奶营养丰富，是孩子们都很喜爱的早餐。

☆蛋挞☆

【原料】　蛋挞皮，低筋面粉，淡奶油，牛奶，蛋黄，糖。

【制作】

1. 将淡奶油、牛奶、糖搅拌均匀，加热至糖完全融化，放凉后加入蛋黄；
2. 加入低筋粉，搅拌均匀，蛋挞液完成；
3. 把弄好的蛋挞液倒入蛋挞皮内至七分满；
4. 装入烤盘，放入预热好的烤箱中，烤箱210度烤25分钟。

午餐

营养搭配原则　牛肉、豆芽、豆腐组合，富含高蛋白与维生素，是孩子午餐的最佳选择哦。

☆豆芽炒牛肉☆

【原料】　豆芽，牛肉，韭菜，生姜，食盐。

【制作】

1. 豆芽洗净，韭菜洗净，切成段；
2. 牛肉切片，锅里下油，爆炒姜丝，放入牛肉炒至半熟；
3. 加入豆芽、韭菜炒匀，加入盐炒匀。

☆番茄豆腐☆

【原料】　番茄，豆腐，葱。

【制作】

1. 豆腐切丁，番茄切块；
2. 热锅下油，下葱爆香，加入番茄爆炒，再加入豆腐和清水，煮10分钟，即可调味食用。

晚餐

营养搭配原则　带鱼富含优质蛋白质、不饱和脂肪酸，还含有丰富的DHA、维生素A、维生素D和镁元素，有补益五脏的功效。

☆糖醋带鱼☆

【原料】　带鱼，糖醋汁，生姜，生粉。

【制作】

1. 将带鱼切段蘸生粉，下锅油炸至半熟；
2. 再起锅，放入生姜爆炒，加入炸好的带鱼，加入糖醋汁，闷盖煮10分钟即可。

第三周
大白菜的家常美味

早餐

营养搭配原则　菠菜营养丰富，多吃对身体好哦。

☆菠菜面☆

【原料】　菠菜面，蔬菜叶。

【制作】

1. 将面放入沸水中，开盖煮3分钟即可；
2. 在汤面中放点新鲜蔬菜叶更加有益健康。

午餐

营养搭配原则　鲤鱼的蛋白质不但含量高，而且质量也佳，人体消化吸收率可达96%，并能供给人体必需的氨基酸、矿物质、维生素A和维生素D。

☆五香鱼☆

【原料】　鲤鱼，五香调料。

【制作】

1. 鲤鱼洗净，下锅香煎至半熟；
2. 加清水，煮沸，加入五香调味料，闷盖煮10分钟，即可。

☆糖醋黄瓜☆

【原料】　黄瓜，白糖，醋，生抽，香油。

【制作】

1. 黄瓜切条，热锅下油，翻炒黄瓜条；
2. 取白糖，醋，生抽和香油调匀成糖醋汁；
3. 将调好的糖醋汁放入锅中，和青瓜翻炒即可食用。

晚餐

营养搭配原则　白菜味甘性平，善补脾胃，对孩子的营养不良有缓解作用哦。

☆炸白菜盒☆

【原料】　白菜，猪肉，葱，生姜，面粉。

【制作】

1. 猪肉剁成泥，加入葱、姜和调味料，搅拌成馅；
2. 取白菜的合页片，将肉馅抹在合页片内，蘸上面粉下锅炸熟即可。

早餐

营养搭配原则　枣能提高人体免疫力，富含钙和铁，配合营养的小米粥，有助于孩子的健康。

☆红枣饼☆

【原料】　面粉，红枣，白糖。

【制作】

1. 红枣去核加水蒸烂捣烂成枣泥；
2. 加入白糖，将枣泥煎香，成枣泥馅；
3. 将面粉揉成面团，发酵；
4. 将面团搓成小剂子，包入馅心后，隔水蒸15分钟即可。

午餐

营养搭配原则　猪肉营养丰富，配合甜面酱，做成炸酱肉丁，口感极佳，促进食欲，帮助吸收。

☆肉丁炸酱☆

【原料】　猪肉，甜面酱，生姜，葱，大料，白糖。

【制作】

1. 猪肉切丁，腌制10分钟；
2. 起油锅，葱姜、大料入锅煸香，肉丁入锅炒；
3. 加甜面酱和糖，放少量清水，煮熟后即可。

☆牛肉馏丸子烧茄子☆

【原料】　茄子，牛肉，鸡蛋，西红柿，生姜，葱。

【制作】

1. 牛肉剁烂成蓉，姜葱切粒；
2. 牛肉馅用蛋黄打匀，加入调味料；
3. 茄子去皮，切块，用小勺挖肉馅团成球状；
4. 热油下锅炸，炸熟牛肉丸子；
5. 另起锅，爆炒姜葱和西红柿；
6. 放入茄子和调味料，倒入炸好的牛肉丸子，即可调味食用。

晚餐

营养搭配原则　枸杞能明目补气，和鸡一同炖食，有助孩子强身健体。

☆香菇枸杞炖鸡☆

【原料】　鸡，香菇，枸杞，生姜。

【制作】

1. 鸡切块，香菇用水泡发；
2. 生姜起锅，放入鸡块翻炒，加清水，放入香菇和枸杞，煮30分钟即可调味。

早餐

营养搭配原则　叉烧有猪肉的营养，搭配富含蛋白质的面粉，让早晨精力充沛。

☆叉烧包☆

【原料】　叉烧肉，盐，葱，生姜，酱油，面粉。

【制作】

1. 叉烧肉切小块，加入葱姜、酱油、盐拌成馅；
2. 面粉揉搓，分成均匀的粉团，放在掌心擀成包皮，放入馅料，将开口处折叠捏合；
3. 将包子放入蒸笼内，隔水蒸15分钟即可。

午餐

营养搭配原则　牛肉营养丰富，含有蛋白质，氨基酸组成比猪肉更接近人体需要，能提高人体的抗病能力。

☆红烩牛肉膏☆

【原料】　牛肉，猪肉，鸡蛋，洋葱丝，番茄酱。

【制作】

1. 牛肉与猪肉剁碎，加入鸡蛋搅拌，放入调味料腌制好；
2. 热锅下油，放入洋葱丝，爆炒，倒入肉糜爆炒至熟，加入番茄酱，炒香，即可调味。

晚餐

营养搭配原则　白菜祛热，配合香而不辣的干辣椒，能提升食欲。

☆香辣白菜☆

【原料】　大白菜，干辣椒。

【制作】

1. 大白菜切丝，焯熟；
2. 热锅下油，爆炒干辣椒，加入白菜爆炒，再加入调味料，入味即可。

早餐

营养搭配原则　核桃中脂肪和蛋白是大脑最好的营养物质。

☆核桃仁糕☆

【原料】　中筋面粉，植物性奶油，黑糖，牛奶，葡萄干，核桃，泡打粉，小苏打粉。

【制作】

1. 葡萄干泡软；
2. 植物性奶油，加入黑糖，用打蛋器拌匀；
3. 将牛奶分次加入上面的糊中，用打蛋器拌匀；
4. 取中筋面粉、泡打粉、小苏打粉加入上述糊中；
5. 再将葡萄干、核桃放入糊中，倒入烤模中，入烤箱以上下火200度烘烤约35分钟即可。

午餐

营养搭配原则　黄豆、胡萝卜营养丰富，狮子头主要成分是猪肉，有助孩子强身健体，做成球状肉丸，还能提升宝贝的食欲。

☆狮子头☆

【原料】　猪肉馅，油菜，胡萝卜，生姜，葱，淀粉，胡椒粉，酱油。

【制作】

1. 葱姜切末，油菜、胡萝卜切丝；
2. 猪肉馅和葱、姜末、淀粉、胡椒粉、酱油充分拌匀，做成大小相同的肉丸；
3. 将肉丸炸至金黄色；
4. 另起油锅，炒油菜及胡萝卜丝，再将炸好的肉丸倒入，加入调味料，小火煮 10 分钟即可。

☆黄豆胡萝卜丁☆

【原料】　胡萝卜，黄豆，水淀粉。

【制作】

1. 胡萝卜切成丁，和黄豆一起焯水；
2. 热锅下油，放入胡萝卜丁、黄豆稍炸，加水煮 10 分钟，水淀粉勾芡，收浓汤汁即可。

晚餐

营养搭配原则　猪肉配合鸡蛋高蛋白质，给孩子的成长发育加分。

☆刺猬丸子☆

【原料】　猪肉，鸡蛋，淀粉，江米。

【制作】

1. 猪肉剁碎，加入鸡蛋、调味料和淀粉，用力搅拌出黏性，挤成丸子，用牙签挑出刺来；
2. 将丸子蘸一层江米，上笼用蒸 25 分钟即可。

早餐

营养搭配原则　每天一个鸡蛋，能补充蛋白质，改善记忆，健脑益智，营养早餐优选。

☆鸡蛋夹饼☆

【原料】　面粉，鸡蛋，葱花，尖椒。

【制作】

1. 醒发好的面团分成4份，擀一下然后抹上少许油，擀成薄薄的饼；
2. 锅热少许油，放入饼生坯中烙饼；
3. 两面都变色鼓起来很容易分开就基本熟了；
4. 打入一个鸡蛋，用铲子把鸡蛋抹平，撒上葱花和尖椒末，把另一个饼盖上面接着烙；
5. 稍微烙一下翻面再烙一下，等两面都黄色了，鸡蛋定型就完全可以出锅了。

午餐

营养搭配原则　炸鸡米和番茄豆腐，色泽鲜明，香嫩爽口，含矿物质及维生素比较丰富，可作为孩子经常食用的菜肴。

☆炸鸡米☆

【原料】　鸡胸肉，鸡蛋，生粉，面包糠。

【制作】

1. 鸡胸肉切丁，用调味料腌制；
2. 腌制好的鸡丁用水洗净，拍一层生粉后蘸上蛋黄，再蘸一层面包糠；
3. 烧油锅，放入鸡丁炸至表面酥脆金黄即可。

☆番茄豆腐☆

【原料】　番茄，豆腐，葱。

【制作】

1. 豆腐切丁，番茄切块；
2. 热锅下油，下葱爆香，加入番茄爆炒，再加入豆腐和清水，煮10分钟，即可调味食用。

晚餐

营养搭配原则　青椒营养丰富且有助增强食欲，搭配黄瓜和洋葱，相得益彰。

☆青椒炒黄瓜☆

【原料】　青椒，黄瓜，洋葱。

【制作】

1. 黄瓜切块，青椒、洋葱切片；
2. 热油锅爆香洋葱，放入黄瓜翻炒，再放入青椒，翻炒至熟，即可调味。

第四周
今天，你吃粗粮了吗

早餐

营养搭配原则　膳食纤维丰富的小米配合维生素充裕的胡萝卜做成羹，有助消化哦。

☆小米羹☆

【原料】　胡萝卜，小米。

【制作】

1. 胡萝卜洗净切丝，小米淘干净；
2. 材料放进锅内同煮至烂熟即可。

午餐

营养搭配原则　猪肉属酸性食物，为保持膳食平衡，烹调时搭配白菜能有效中和酸性，同菠菜一样富含铁，更容易吸收。

☆猪肉炖粉条☆

【原料】　五花肉，粉条，酸菜。

【制作】

1. 猪肉切片，下锅煮香，加清水煮10分钟；
2. 加入粉条、酸菜、调味料，闷盖煮15分钟，待粉条入味即可。

☆鸡蛋卤☆

【原料】　鸡蛋，花椒，八角，酱油。

【制作】

1. 在沸水中加入花椒、八角、酱油等调味料，做成卤水；
2. 鸡蛋煮熟，逐个把鸡蛋皮敲裂；
3. 敲破的鸡蛋放入卤锅内煮3小时即可。

晚餐

营养搭配原则　加吉鱼富含蛋白质、钙、钾、硒等营养元素，为人体补充丰富蛋白质及矿物质，具有补胃养脾、祛风的功效。

☆干蒸加吉鱼☆

【原料】　加吉鱼，香菇，猪肉，火腿，烧酒，酱油，食盐，白糖。

【制作】

1. 加吉鱼洗净放于盘子中；
2. 香菇切丝，猪肉切丝，火腿切丝；
3. 将三种佐料铺在加吉鱼上，放入烧酒、酱油和食盐、白糖调味，隔水蒸10分钟即可。

早餐

营养搭配原则　美味餐蛋面，含丰富的肉类蛋白和能量。

☆餐蛋面☆

【原料】　午餐肉，鸡蛋，面条，高汤。

【制作】

1. 热锅下油，用高汤调味，煮好面条；
2. 煎一个荷包蛋，将午餐肉切片，煎香，放在面条上即可。

午餐

营养搭配原则　营养丰富的牛肉搭配富含维生素的蔬菜，保证营养充足吸收。

☆红烧牛肉☆

【原料】　牛肉，豆瓣酱，葱，生姜，酱油，胡椒粉，料酒，味精，八角，糖。

【制作】

1. 牛肉切块，先用热水烫一下沥干水分待用；
2. 油烧热后将葱、姜爆香，再加入辣豆瓣酱炒红，然后放入牛肉块翻炒并加入酱油、糖、胡椒粉、料酒、味精及八角，最后加水浸过牛肉，用小火慢慢煮至汁稠、肉酥香即可。

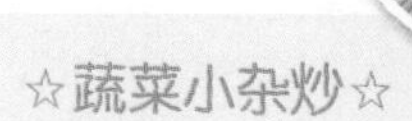

☆蔬菜小杂炒☆

【原料】　胡萝卜，土豆，蘑菇，山药。

【制作】

1. 将胡萝卜、土豆、蘑菇、山药切片；
2. 锅内放清水，加入杂蔬，焖 20 分钟即可调味。

晚餐

营养搭配原则　香椿含有丰富的维 C、维 E、胡萝卜素等，有助于增强机体免疫功能，并能防治蛔虫病。

☆炸香椿鱼☆

【原料】　香椿，小麦面粉，鸡蛋等。

【制作】

1. 放入面粉、鸡蛋和调味料搅拌成蛋面粉糊，放入香椿鱼，让香椿鱼蘸上面糊；
2. 热锅下油，香炸香椿鱼至熟即可。

早餐

营养搭配原则　把鸡蛋做成蛋饼，既香嫩又色泽红亮，尤其是口味甜酸的肉粒能大大提起儿童的食欲。

☆鱼味蛋饼☆

【原料】　鱼腩，鸡蛋。

【制作】

1. 鱼腩隔水蒸熟，去骨取肉成鱼蓉；

2. 将鱼蓉和鸡蛋搅拌，调味，香煎至熟即可。

午餐

营养搭配原则　猪肝和胃益气，搭配鸡蛋食用，有助营养均衡。

☆猪肝鸡蛋☆

【原料】　猪肝，鸡蛋。

【制作】

1. 猪肝切片腌制 10 分钟；

2. 将蛋炒熟，后放入猪肝，翻炒，即可调味。

☆莲藕薏米排骨汤☆

【原料】　排骨，莲藕，薏米。

【制作】

1. 莲藕洗净切厚片，薏米洗净待用，排骨先汆水去味；

2. 待水煮开后，将材料全部放入，慢火煮一个半小时，即可调味食用。

晚餐

营养搭配原则　鲢鱼钙质丰富，配合虾米和冬笋，对钙和铁质的吸收有利，有利于幼儿的消化与吸收。

☆砂锅鲢鱼头☆

【原料】　鲢鱼头，冬笋，猪肉，生姜，葱，豆腐。

【制作】

1. 鲢鱼头洗净切块；

2. 猪肉、冬笋均切成薄片、豆腐切条；

3. 生姜起锅，翻炒鱼头至半熟，加入其他佐料，放清水，闷盖 15 分钟，至水分收浓，即可放入葱花上锅。

早餐

营养搭配原则　**米粉能提供身体所需的膳食纤维，增强肠道功能帮助消化。**

☆瘦肉米粉☆

【原料】 瘦肉，米粉，生姜，葱。

【制作】

1. 热锅下油，翻炒姜葱，放入瘦肉片翻炒至半熟；
2. 锅中放入清水，煮沸，放入调味料为汤底；
3. 放入米粉，煮至软，即可调味食用。

午餐

营养搭配原则　**开洋钙质丰富，配合麦片做成羹，有助增强免疫力。**

☆生菜开洋肉汁麦片羹☆

【原料】 生菜，开洋，麦片、汤骨，淀粉，黄酒。

【制作】

1. 生菜切片，开洋用黄酒泡软，切粒，汤骨洗净；
2. 锅中放入汤骨和调味料，烧开后加开洋粒、生菜，加麦片，用淀粉勾芡即可。

晚餐

营养搭配原则　**黄鱼有健脾开胃、安神止痫、益气填精之功效，搭配竹笋和香菇，是春季进补的好帮手。**

☆红烧黄鱼☆

【原料】 黄鱼，金华火腿，竹笋，香菇，蒜，生姜。

【制作】

1. 大蒜去皮，竹笋去壳，香菇泡软，火腿切片，姜切丝；
2. 生姜起锅，放入黄鱼香煎至半熟，放入火腿丝、竹笋和香菇，加清水，闷盖煮10分钟，即可调味。

早餐

营养搭配原则　面粉和燕麦能促进肠道蠕动，增强营养吸收。

☆燕麦馒头☆

【原料】　面粉，燕麦，鸡蛋，砂糖。

【制作】

1. 将面粉加入燕麦、鸡蛋和砂糖，和面粉一起搅拌均匀；
2. 扭成馒头状，隔水蒸 15 分钟。

午餐

营养搭配原则　洋葱和花椰菜都是营养丰富的蔬菜，适合孩子食用。

☆洋葱炒鸡蛋☆

【原料】　洋葱，鸡蛋。

【制作】

1. 炒香鸡蛋后捞起；
2. 爆炒洋葱粒至半熟，加入炒好的鸡蛋，翻炒至熟即可调味。

☆白玉金银汤☆

【原料】　豆腐，鸡胸肉，香菇丝，花椰菜，淀粉。

【制作】

1. 鸡肉切粒，香菇切丝，花椰菜切丝；
2. 将清汤煮开后，倒入鸡丁和香菇丝；
3. 在滚汤中放入豆腐丁和花椰菜丝，煮至糊状，即可加入淀粉勾好的芡汁，让其黏稠，调味食用。

晚餐

营养搭配原则　鲮鱼富含丰富的蛋白质、维生素 A、钙、镁、硒等营养元素，肉质细嫩、味道鲜美。

☆蒸鲮鱼☆

【原料】　鲮鱼，葱，生姜，酱油，砂糖。

【制作】

1. 生姜切丝，葱切丝；
2. 鲮鱼洗净放于盘子中，放入生姜和葱丝，加酱油、砂糖等，隔水蒸 15 分钟即可。

第十章 好妈妈都应该知道的健康成长小常识

一转眼，一年就要结束啦，宝贝们在“超人妈妈”的喂养下是不是身体健康、充满活力呢？本书的最后一章是附赠的超值好妈妈课堂哦——《儿童健康饮食成长必备手册》与《妈妈都应该知道的食物营养表》！你知道怎样帮助宝贝摄取热量吗？你知道孩子每天要摄取多少水分吗？你知道哪些蛋白质食物一定要认准吗？你知道最好的维生素来自哪里吗？你知道最基本的食物营养表吗？……让我们为了孩子更好地成长，一起来学习学习吧！

热量是生命的根本，你知道怎样帮助宝贝摄取热量吗？

我们生活中的一切生命运动，包括细胞和器官的活动都需要能量，这些能量会在体内代谢过程中产生，转化热量。对于正在发育时期的孩子，热量的补充非常重要。

孩子所需的热量主要用于以下几大方面。

1. 身体基础代谢。我们人体细胞进行新陈代谢是指维持人体在清醒状态下所需要的基本热量，例如维持身体的温度，保持呼吸畅通，血液循环顺畅等，这个热量需耗占据孩子总热量的一半。

2. 发育成长。孩子的身体处于发育阶段，这一部分专门提供给生长发育的热量需求是儿童年龄层特有的，孩子成长得越快，所需的热量越高，会占总量热的二到三成。

3. 动作运动。肌肉动作、进行运动是需要一定热量的，无论是成人还是儿童，但我们知道，儿童，尤其是幼儿比较好动，蹦蹦跳跳消耗的热量是比较大的，这个热量需求达到儿童身体总热量的 15% 左右，为了满足这个额外的身体热量需耗，对儿童要注意提升热量补充。

基于以上几大方面的需求，孩子每天都需要因年纪和体重吸收相应比例的热量，1 岁左右的幼儿每天需要 110 千卡热量，1 岁以后，每过 3 岁减 10 千卡，如果在比较长的一段时间内热量供应不足，有可能使儿童发育迟缓，体重减轻，面黄肌瘦，营养不良，因此，每天的膳食中要合理摄取热量，科学地分配膳食比例，最好是 15% 蛋白质，35% 脂肪，50% 碳水化合物。

碳水化合物又称之为“糖类化合物”，是我们人体热量的主要来源，可以说，身体所需热量的七成以上都是由糖分提供的。碳水化合物主要由碳、氧、氢三种元素组合而成，其中氢氧的比例是 2:1，和大自然水中的氢氧比例是一样的，因此，这种物质被称为碳水化合物。

碳水化合物对我们人体很重要，是我们正常活动、健康发育的主要热量来源，尤其是肌肉活动、心脏功能发挥、神经系统发育的重要燃料。因为，糖是我们人体的重要组成部分，血液中的血糖，与其他物质结合成为核糖蛋白和糖脂素能为我们的细胞和组织活动提供必要基础，是我们调节生理机能、进行生命活动必不可少的物质。我们的人体只有有充足的碳水化合物供给，才能节约蛋白质损耗，避免脂肪过度分解，导致不完全代谢物和毒素沉积到体内。

主要的碳水化合物来源是食物，例如米、小麦、玉米、燕麦等，水果方面可以从甘蔗、香蕉、葡萄、西瓜等水果中吸收，而胡萝卜、红薯等蔬果以及榛子、杏仁等坚果也能提供一定的碳水化合物。正常情况下，我们对碳水化合物没有特定的饮食要求，主要是讲求膳食合理搭配，例如，荤素结合，注重主粮的提供等，都能为人体提供必需的碳水化合物。

水的重要性
——孩子每天需要摄取多少水分？

水是生命之源，是组成人体细胞的重要部分，是我们不可或缺的生命物质，水能帮助我们调节体温，保障呼吸过程，输送营养物质，对于成长阶段的孩子来说，更是离开不开充足的水分。

水被儿童吸收到体内之后，会有 1% 到 2% 存留在身体内供细胞和组织的生长需要，其余的水分会经过肺部、皮肤、肾脏及肠道排出体外。

因为水是我们人体进行新陈代谢的必要元素，所以水的需求量和孩子新陈代谢速度有密切关系，儿童新陈代谢比成年人快，因此对水的需求量也比较大，而且，活跃好动的孩子与文静的孩子相比，水的需求量也更多一些。

除此之外，水是儿童消化和吸收的必备元素，如果儿童的饮食中蛋白质和盐分含量比较高的话，那么水分的需求量也会相应提高。

所以，根据生理需要量，儿童每日饮水量应为——

1 岁以下，700 毫升左右；

2~3 岁，780 毫升左右；

4~7 岁，950 毫升左右；

8~9 岁，1050 毫升左右；

10~14 岁，1100 毫升左右。

哪些富含蛋白质的食物一定要认准？

我们人体所有的细胞，包括肌肉、骨骼、血液和神经，都含有蛋白质，蛋白质可以说是组成我们人体的重要原料，从头到脚，我们人体都离不开蛋白质。除了日常机能组成，包括我们的毛发生长，组织损伤愈合，激素和抗体的产生，都需要蛋白质。同时，蛋白质还是热量的主要来源之一，每 1 克蛋白质能在体内产生 4 千卡热量，所以说，蛋白质的摄取对于人体是必不可少的，尤其是对于正在成长发育的儿童而言。

因此，我们需要在儿童膳食中注重添加蛋白质，那么，哪些食物富含蛋白质呢？其实，蛋白质主要可以从动物性食物和植物性食物两大类别中吸收，如猪牛羊、鸡鸭鹅、螃蟹鲜虾，动物内脏、动物乳制品和鸡蛋、鸭蛋中，就含丰富蛋白质。粮食类方面，如面粉、玉米等蛋白质含量也比较高，黄豆、黑豆、豆腐、豆浆等豆类及豆制品类食物也含丰富优质蛋白。另外，像花生、核桃、杏仁、瓜子等坚果类食物亦含有丰富蛋白质。

不过，虽然动物性蛋白和植物性蛋白我们都能通过膳食来摄取，但是由于儿童成长对优质蛋白需求比较大，所以建议不要一味采取面食类或者蔬果类食物来提供蛋白质，动物性蛋白也是必需的，如果考虑到脂肪含量，我们可以适当地运用乳制品、海鲜及鸡肉、鸡蛋等低脂高蛋白食物来为孩子补充足够的蛋白质。

为什么要在孩子的食谱中加入适当脂肪成分？

在很多成人心目中，脂肪似乎是肥胖的代名词，是健康的杀手，于是越来越多妈妈会为儿童选择低脂食品。其实这是不利于儿童成长的。因为，脂肪是儿童成长不可或缺的重要元素，儿童的脑部发育、视力发育都需要脂肪，长期缺乏必需的脂肪补充，儿童容易出现面黄肌瘦、皮肤干燥、智力发育迟缓、免疫力降低等情况，因此，我们要适当在儿童食谱中加入适当的脂肪成分。

脂肪是主要由甘油和脂肪酸组成，其中脂肪酸又分为饱和脂肪酸和不饱和脂肪酸两种，不饱和脂肪酸是无法在人体合成的，需要依赖食物来提供，所以是“必需脂肪酸”。其实，不饱和脂肪酸是对人体发育有利的优质脂肪，能帮助儿童调节血脂、增强免疫力、促进视力提高、增强智力发展，提升大脑动力，对儿童的大脑发育和健全脑神经功能很有好处。

因此，在儿童膳食食谱中，我们要注意不饱和脂肪酸的补充。除了动物性食物，还可以从植物油所含的脂肪酸中吸收不饱和脂肪酸，例如，橄榄油、芥花籽油、红花籽油、葵花籽油、玉米油和大豆油都能为孩子提供更多的不饱和脂肪酸，配合一定比例的肉类、奶制品及土豆、红薯等淀粉质食物一起使用，能保证孩子摄取到必要的脂肪。

最好的维生素来自哪儿？

维生素，是我们身体内部的一种重要元素，也是人体机能正常活动的必要元素，由于维生素不能在人体内部合成，或者合成量不足，所以我们必须要依赖食物进行摄取。虽然说维生素不是热量的来源，也不是构成身体组织的重要成分，可是却对人体生理功能、调节物质代谢，尤其是酶的合成分解有非常重要的作用。

日常生活中，我们对维生素的需求很少，一般以毫克，甚至微克作为计算单位，其中主要是脂溶性和水溶性维生素两大类别。脂溶性维生素分为维生素 A、维生素 D、维生素 E、维生素 K 等，水溶性维生素主要有维生素 B1、维生素 B2、维生素 B6、维生素 B12 和维生素 C 等。

不过，家长要避免过分强调使用维生素片来对维生素进行补充的健康误区，避免过分依赖维生素口服剂或者维生素片，因为真正的维生素补充，用食物来进行补充才是最好的，最容易被小朋友身体吸收的，所以我们要讲求饮食合理搭配，用食物来为儿童补充必要的维生素。

我们人体必需的维生素有 14 种，主要存在于五大类食物当中。B 族维生素主要存在于谷物及薯类中；维生素 A、维生素 D 在动物性食物中能摄取吸收；B 族维生素较多存在于豆类和坚果类食物中；而维生素 C、胡萝卜素、维生素 K 等则大量存在于胡萝卜、绿叶菜等果蔬中；最后，在动植物油中，我们还能摄取到维生素 E。

矿物质究竟有多重要？

矿物质，也被称为无机盐，分为宏量元素和微量元素两大类别，是对儿童健康成长起着积极作用的重要元素。宏量元素主要包括碳、氢、氧、氮、钙、磷、钾、钠、氯、镁、硫等元素，占矿物质含量的99.95%，因而被称为宏量元素；而微量元素含量相对少很多，主要包括铁、锌、铜、锰、铬等40多种元素。这些元素虽然不能提供热量，但却是儿童身体发育的重要元素。

如铁和锌，是构成骨骼的重要成分，镁元素则是维持神经和肌肉正常活动的重要元素，因此，无论是宏量元素还是微量元素，可以说，对儿童的骨骼、神经、肌肉发育及生理活动有重要的作用，还能成为体内多种酶及大分子活性物质的组成成分，能帮助人体保持电解质和酸碱度平衡。

例如，钠和钾能起到维持渗透压和酸碱平衡的重要作用，铁对生血、造血和血液循环起到重要作用，镁则能调节神经肌肉的兴奋性。

因此，为儿童提供科学合理的膳食安排，要注重矿物质的提供。在日常膳食中，加入骨头汤能有助提高钙质的吸收，注重菠菜、肝脏等食物的合理搭配有助铁质吸收，食用紫菜，有助补充镁元素等。

妈妈们都应该知道的食物营养表

食物	蛋白质（毫克）	脂肪（克）	碳水化合物（克）	热量（千卡）	无机盐类（克）	钙（毫克）	磷（毫克）	铁（毫克）
大米	7.5	0.5	79	351	0.4	10	100	1.0
小米	9.7	1.7	77	362	1.4	21	240	4.7
面粉	12.0	0.8	70	339	1.5	22	180	7.6
黄豆	39.2	17.4	25	413	5.0	320	570	5.9
青豆	37.3	18.3	30	434	5.0	240	530	5.4
赤小豆	20.7	0.5	58	318	3.3	67	305	5.2
绿豆	22.1	0.8	59	332	3.3	34	222	9.7
豌豆	24.0	1.0	58	339	2.9	57	225	0.8
黄豆芽	11.5	2.0	7	92	1.4	68	102	6.4
豆腐	1.6	0.7	1	17	0.2	–	–	–
豆腐乳	14.6	5.7	5	30	7.8	167	200	12.0
绿豆芽	3.2	0.1	4	30	0.4	23	51	0.9
大葱	1.0	0.3	6	31	0.3	12	46	0.6
芋头	2.2	0.1	16	74	0.8	19	51	0.6
胡萝卜	2.0	0.4	5	32	1.4	19	23	1.9
荸荠	1.5	0.1	21	91	1.5	5	68	0.5
红薯	2.3	0.2	29	127	0.9	18	20	0.4
藕	1.0	0.1	6	29	0.7	19	51	0.5
白萝卜	0.6	–	6	26	0.8	49	34	0.5
马铃薯	1.9	0.7	28	126	1.2	11	59	0.9
黄花菜	2.9	0.5	12	64	1.2	73	69	1.4
黄花	14.1	0.4	60	300	7.0	463	173	16.5
菠菜	2.0	0.2	2	18	2.0	70	34	2.5
韭菜	2.4	0.5	4	30	0.9	56	45	1.3
大白菜	1.4	0.3	3	19	0.7	33	42	0.4
香菜	2.0	0.3	7	39	1.5	170	49	5.6
芹菜	2.2	0.3	2	20	1.0	160	61	8.5
蘑菇（鲜）	2.9	0.2	3	25	0.6	8	66	1.3
香菌（香菇）	13.0	1.8	54	384	4.8	124	415	25.3
木耳	10.6	0.2	65	304	5.8	357	201	185.0
海带	8.2	0.1	57	262	12.9	2250	–	150.0
紫菜	24.5	0.9	31	230	30.3	330	440	32.0
南瓜	0.8	–	3	15	0.5	27	22	0.2
西葫芦	0.6	–	2	10	0.6	17	47	0.2
丝瓜	1.5	0.1	5	27	0.5	28	45	0.8
茄子	2.3	0.1	3	22	0.5	22	31	0.4
冬瓜	0.4	–	2	10	0.3	19	12	0.3
黄瓜	0.8	0.2	2	13	0.5	25	37	0.4

食物	蛋白质（毫克）	脂肪（克）	碳水化合物（克）	热量（千卡）	无机盐类（克）	钙（毫克）	磷（毫克）	铁（毫克）
西红柿	0.6	0.3	2	13	0.4	8	32	0.4
苹果	0.2	0.6	15	60	0.2	11	9	0.3
香蕉	1.2	0.6	20	90	0.7	10	35	0.8
梨	0.1	0.1	12	49	0.3	5	6	0.2
杏	0.9	–	10	44	0.6	26	24	0.8
葡萄	0.2	–	10	41	0.2	4	15	0.6
花生仁	26.5	44.8	20	589	3.1	71	399	2.0
栗子	4.8	1.5	44	209	1.1	15	91	1.7
杏仁	25.7	51	9	597	2.5	141	202	3.9
红枣	3.3	0.5	73	309	1.4	61	55	1.6
牛肉	20.1	10.2	–	172	1.1	7	170	0.9
羊肉	11.1	28.8	0.5	306	0.9	11	129	2
羊肝	18.5	7.2	4	155	1.4	9	414	6.6
猪肉	16.9	29.2	1.1	335	0.9	11	170	0.4
猪肝	20.1	4.0	2.9	128	1.8	11	270	25
牛奶	3.1	3.5	4.6	62	0.7	120	90	0.1
奶粉	25.6	26.7	35.6	48.5	–	900	–	0.8
鸡肉	23.3	1.2	–	104	1.1	11	190	1.5
鸭肉	16.5	7.5	0.1	134	0.9	11	145	4.1
鸡蛋	14.8	11.6	–	164	1.1	55	210	2.7
咸鸭蛋	11.3	13.2	3.3	178	6	102	214	3.6
田鸡	11.9	0.3	0.2	51	0.6	22	159	1.3
甲鱼	16.5	1	1.5	81	0.9	107	135	1.4
河螃蟹	1.4	5.9	7.4	139	1.8	129	145	13.0
青虾	16.4	1.3	0.1	78	1.2	99	205	0.3
虾米	46.8	2	–	205	25.2	882	–	–
蛤蜊	10.8	1.6	4.8	77	3	37	82	14.2
鲫鱼	13	1.1	0.1	62	0.8	54	20.3	2.5
鲤鱼	18.1	1.6	0.2	88	1.1	28	17.6	1.3
鳝鱼	17.9	0.5	–	76	0.6	27	4.6	4.6
带鱼	15.9	3.4	1.5	100	1.1	48	53	2.3
黄花鱼	17.2	0.7	0.3	76	0.9	31	204	1.8
芝麻油	–	100	–	900	–	–	–	–
花生油	–	100	–	900	–	–	–	–
芝麻酱	20.0	52.9	15	616	5.2	870	530	58

名人堂·好书推荐

寄语《好妈妈都是厨房超人》

我们的日子慢慢过得好了，可是却如此匆匆忙忙。清晨给孩子买两根油条或者一屉包子，中午给孩子零钱让他在外面吃快餐，晚上有饭局随意吃一点……一天就这样过去了。和家人坐在一起享受餐桌上的放松时光不知怎么竟变成了奢望。慢一点吧，为孩子做顿家庭营养餐，让爱沉淀下来。

——嘉和一品董事长　刘京京

打开这本书，能够感受到一位资深营养师和我们一起下厨房，三五招下来，就能给孩子端出一盘盘营养全面、美味可口的家常菜，让简单的厨房生活也能变得如此有爱。

——北京金百万餐饮集团董事长　邓　超

看完这本书，真心觉得天下的妈妈都是厨房超人，用心给孩子做每一餐，在厨房里变成“黄脸婆”也毫不介意，这一切都是因为母爱，母爱真的很伟大！

——天府盛国际物流董事长　宋文洁

也许有人会问：“一本食谱能代表什么呢？”我想要说的是，这不单单是献给孩子的一日三餐，更是一个母亲母性光辉的闪现。

——国家高级营养师，杭州蒸功夫健康餐饮连锁有限公司董事长　葛柏浩

这是一本很花心思的营养食谱。不重样的一日三餐不仅能够体现妈妈对孩子的浓浓爱意和智慧，更有一种温暖的家庭氛围。

—— 隆华智慧餐饮管理咨询教育集团董事长　冯耀龙

一本专属孩子的营养食谱，不仅代表了妈妈对孩子的爱，还是一种代表了“爱生活、爱分享、爱折腾”的心灵盛宴。

——四川香天下餐饮管理公司董事长　朱　全

我们生活在一个“吃怕了”的时代，面包里加了膨胀剂、甜味剂；火锅底料是满满的地沟油；酸奶里添加增稠剂……我们自己都会望而却步的东西，怎么可以给孩子吃呢？所以，妈妈做的营养餐才是最安全、最健康的。

——品牌联盟商学院执行院长，中国品牌节副秘书长　张吕清

这本书让我想起了自己的母亲，她曾经也是踏着晨光早早起来为我做饭，每天醒来我总能看到她在厨房忙碌的背影，晚上放学回来还没进门就闻到了厨房飘来的香味儿。每个妈妈真的都是厨房超人，她们用爱变出了那么多的美食。

——北京闽南文化创意产业商会执行会长，北京泉州商会的秘书长　李明灿

这本书给我最大的感觉就像是身边有个经验丰富、做得一手好菜的营养师妈妈在身边给我指导，不仅满足了孩子的胃口，更是让我收益颇丰，懂得了很多营养小常识。

——知识有家网董事长　牟家和

我家里有很多菜谱类图书，但是这本书却和其他书有很大不同，它是按照时令划分的，把每个季度符合时令的蔬菜与肉类综合起来，更加营养与科学。

——亿群投资控股有限公司董事　马　萍

有爱的亲子之情也许并不一定体现在抱着孩子说“我爱你”，也许仅仅是妈妈做的营养餐就已经饱含了深深的爱意。

——中国式策划创建人　何建华

我认为，真正的家文化其实就在点点滴滴中，也许一顿饭包含的爱与情，就营造了真正的温馨家庭。我希望每个孩子都有一位超人妈妈，每个家庭都能如此幸福有爱。

——著名作家、诗人　魏贤宇（咸鱼大叔）

特别鸣谢：

Q版人物设计师李小换设计的超萌人物图。

《马琳的点心书——超爱做饼干》作者马琳提供封面有爱蛋糕摄影图。